한국의 도요물떼새

A Photographic Guide to the Shorebirds of Korea

한국 생물 목록 5
Checklist Of Organisms In Korea 5

한국의 도요물떼새
A PHOTOGRAPHIC GUIDE TO THE SHOREBIRDS OF KOREA

펴낸날 | 2013년 4월 20일
지은이 | 박진영·박종길·최창용
펴낸이 | 조영권
꾸민이 | 한기석
알리는이 | 김원국
도운이 | 정병길, 노인향

펴낸곳 | 자연과생태
주소_서울 마포구 구수동 68-8 진영빌딩 2층
전화_02)701-7345~6 팩스_02)701-7347
홈페이지_www.econature.co.kr
등록_제313-2007-217호

ISBN 978-89-97429-15-8 96490
ⓒ 2013

감사의 글
이 책에 사용한 사진은 국내의 탐조가, 사진작가, 연구자 등 많은 분들이 제공해 주신 것
으로서, 현장에서 오랜 시간 고생해 얻은 귀한 자료들이 없었다면 이 책은 세상에 나오
지 못했을 것입니다. 기꺼이 사진을 제공해주신 모든 분들에게 감사의 말씀을 전합니다.

사진을 제공해주신 분들(가나다 순)
강창완, 곽호경, 권경숙, 김동원, 김범수, 김성현, 김신환, 김화연, 남현영, 박건석, 박영욱,
박중록, 박철우, 박한업, 박헌우, 박형욱, 서일성, 심규식, 오동필, 우동석, 이상일, 이우만,
임광완, 장용창, 정민욱, 채승훈, 최순규, 최종수, 황재웅, 황재홍

이 책은 신안군과 한국야생조류협회의 지원으로 만들어졌습니다.

한국의 도요물떼새

A Photographic Guide to the Shorebirds of Korea

박진영·박종길·최창용

자연과생태

- 현재까지 한국에서 기록된 도요목에 속하는 7개 과(검은머리물떼새과, 장다리물떼새과, 물떼새과, 호사도요과, 물꿩과, 도요과, 제비물떼새과)의 조류 63종을 모두 수록했다.

- 각 종에는 한국명, 학명, 영명을 표기했으며, 2009년에 발간된 한국조류학회의 《한국조류목록》을 기초로 했다.

- 도요물떼새의 아종은 대부분 야외 관찰을 통해서는 명확한 차이를 파악하기 어려워 이 책에서는 중점적으로 다루지 않았다.

- 봄과 가을에 관찰되는 다양한 번식깃과 비번식깃의 중간형을 사진설명에서 표현하기 위해 봄에 관찰되는 중간형은 '비번식깃에서 번식깃으로 변환', 가을에 관찰되는 중간형은 '번식깃에서 비번식깃으로 변환'으로 표기했다.

- 이 책에 수록된 모든 사진의 저작권은 사진 촬영자에게 있으며, 각각의 사진에 촬영자를 표기했다.

깃털갈이(moulting) 깃털갈이는 1년에 두 번, 날개깃 갈이는 적어도 한 번 한다. 시기는 종에 따라 다르며, 일반적으로 어른새는 번식 후에 완전히 깃털갈이를 한다. 어린새는 부모 곁을 떠난 지 몇 주 후에 깃털갈이에 들어간다.

번식깃(breeding plumage), 비번식깃(non-breeding plumage) 도요물떼새 중에는 북반구에서 번식하고 남반구에서 월동하는 종이 많다. 봄에 북반구의 고위도 지역으로 이동해 번식을 완료한 후 가을에 남반구로 이동해 북반구의 겨울 기간 동안 지낸다. 그런데, 북반구의 겨울은 남반구의 여름에 해당되므로 일반적으로 '여름깃'과 '겨울깃'이라고 부르는 조류의 계절적 깃털형을 도요물떼새에 사용하는 것은 적절하지 않다. 따라서 도요물떼새는 '번식깃'과 '비번식깃'이라는 표현을 사용한다.

조성성(早成性, precocial) 알에서 새끼가 부화했을 때 온 몸에 솜털이 덮여 있고 이내 눈을 떠서 깃털이 마르고 나야 걸을 수 있는 것을 말한다. 도요물떼새는 대표적인 조성성 조류로 새끼들은 부화 후 어미를 따라 걸으며 스스로 먹이를 찾는다. 도요물떼새와 함께 꿩, 오리·기러기류, 두루미류 등은 대표적인 조성성 조류다.

백화현상(albinism) 멜라닌 색소의 결핍으로 깃털이 흰색으로 자라는 현상이다. 몸 전체가 흰색을 띠는 완전백화(perfect albinism)와 몸의 일부분에만 흰색을 보이는 부분백화(partial albinism)가 있다. 유전적·생리적 이상에 의해 드물게 발생하며, 몸이 흰색으로 바뀌게 되면 위장효과가 사라지고 천적에게 노출되기 쉬워 생존율이 낮다.

일처다부제(polyandry) 암컷 1개체가 수컷 2개체 또는 그 이상의 수컷과 쌍을 형성하는 짝짓기 방식이다. 조류의 짝짓기 방식은 대부분 일부일처제(monogamy)이며, 일부다처제(polygyny)도 다양한 종에서 발견된다. 그러나 도요물떼새류 중 호사도요, 지느러미발도요류, 물꿩류에서 일처다부제가 발견되는데 다른 조류에서는 보기 어려운 방식이다. 호사도요와 지느러미발도요류는 암컷이 수컷보다 화려하고 암컷이 세력권을 방어한다. 암컷이 산란한 후 떠나면 수컷은 포란과 육추를 전담한다.

의상행동(擬傷行動, injury feigning) 천적이 둥지나 새끼 주변에 접근할 때 어미가 날개와 다리 등이 부러지거나 다친 척 하는 행동을 해 천적을 자신에게 유도하는 행동이다. 번식기에 많은 종의 도요물떼새에서 볼 수 있으며, 국내에서 번식하는 꼬마물떼새와 흰물떼새에서 흔히 관찰된다. 물떼새류는 천적이 접근할 때 둥지에서 멀리 떨어진 땅에 앉아 알을 품는 척하며 둥지에서 먼 곳으로 천적을 유인하는 '가짜 알품기(false brooding)' 행동도 한다.

외부 형태 명칭

머리꼭대기(정수리)

눈

이마

눈앞

부리

뒷목

등

멱

뺨

목

가슴

어깨깃

작은날개덮깃

큰날개덮깃

가운데날개덮깃

셋째날개깃

배

첫째날개깃

옆구리

꼬리

아래꼬리덮깃

경부(정강이)

부척

발가락

발톱

댕기깃

머리옆선

머리중앙선

눈썹선

눈선

아랫날개덮깃

첫째날개깃

둘째날개깃

셋째날개깃

첫째날개덮깃

작은날개깃

큰날개덮깃

가운데날개덮깃

작은날개덮깃

눈테

첫째날개깃

둘째날개깃

셋째날개깃

꼬리

허리

우리나라는 삼면이 바다로 둘러싸여 있고 해안을 따라 갯벌과 하구를 비롯한 다양한 습지가 펼쳐져 있습니다. 이런 환경을 좋아하는 도요새와 물떼새 수십만 마리가 매년 봄과 가을에 우리나라를 찾아옵니다.

이처럼 우리나라를 찾아오는 도요물떼새에 대한 연구는 1980년대 후반부터 본격적으로 시작되었습니다. 그 결과 그들의 번식지와 월동지, 이동경로에 대해 윤곽을 파악하게 되었으며, 우리나라의 습지가 그들의 생존과 이동에 얼마나 중요한 역할을 하는지도 알게 되었습니다.

도요물떼새는 다양한 습지에 도래하지만 그중에서도 갯벌을 즐겨 찾기 때문에 한국의 갯벌생태계를 대표하는 새라고 할 수 있습니다. 그런데, 지난 수십 년 간 매립과 개발로 인해 갯벌과 해안습지가 점차 사라졌고, 그와 함께 철새들도 많이 줄어들었으며, 특히 도요물떼새 집단은 매우 빠른 속도로 감소하고 있습니다. 심각한 멸종위기에 처한 저어새, 황새, 두루미보다 넓적부리도요와 청다리도요사촌이 더욱 심각한 멸종위기에 처해 있다고 합니다. 기나긴 진화과정을 거쳐 갯벌생태계에 적응해 온 도요물떼새가 갑자기 숲으로 가서 살 수는 없겠지요.

다행히 최근 환경보전에 대한 인식이 높아지면서 새와 그들의 서식지가 주목받고 있습니다. 갯벌과 도요물떼새는 환경교육의 중요한 소재가 되었고, 갯벌과 도요물떼새를 보호하기 위한 다양한 활동이 펼쳐지고 있습니다. 또, 과거에는 새를 연구하는 이들만 주로 관찰하던 도요물떼새를 요즘은 탐조가들도 즐겨 관찰할 만큼 관심이 높아졌습니다.

그런데 많은 사람들이 도요물떼새 구별이 어렵다고 말합니다. 도요물떼새는 암수 깃털에도 차이가 있고, 계절과 연령에 따라 깃털갈이를 하며 다양한 모습을 보이는데, 사진 두어 장으로 구성된 기존 새 도감에서 그들의 다채로운 모습을 확인할 수 없기 때문입니다. 그래서 이 책에서는 암컷과 수컷, 시기와 연령에 따른 깃털을 다양하게 제시해 종을 쉽게 구별할 수 있도록 했고, 야외에서 도요물떼새를 만났을 때 느끼는 다양한 느낌을 미리 경험할 수 있도록 했습니다.

이 책이 만들어질 때까지 많은 분들의 관심과 도움이 있었습니다. 한국도요물떼새네트워크 사무국 역할을 맡고 있는 신안군의 배려와 지원이 없었다면 이 작업의 시작이 훨씬 늦어졌을 것입니다. 또한 이 책은 한국야생조류협회가 주도적으로 진행한 협회차원의 첫 번째 분류군 도감입니다. 야심찬 프로젝트를 위한 고경남 한국야생조류협회장님의 조언은 큰 힘이 되었습니다. 이 책에 수록된 다양하고 수준 높은 사진들은 많은 분들이 오랜 시간 야외에서 고생한 결과물입니다. 힘들게 촬영한 귀한 사진을 아무런 조건 없이 제공해주신 분들이 있었기 때문에 도감의 완성도를 더욱 높일 수 있었습니다. 도움주신 모든 분들께 진심으로 감사의 말씀을 드립니다.

갯벌과 도요물떼새에 대한 관심이 높아지는 시기에 다채로운 정보를 담은 도감을 발행하게 되어 기쁩니다. 이 책이 많은 분들께 도움 되길 바라며, 어려운 상황에 처한 도요물떼새와 그들이 살아가는 서식지인 갯벌을 보호하는 데에도 기여하게 되길 바랍니다.

2013년 4월
저자 대표 **박진영**

도요물떼새의 이해 _ 17

한국의 도요물떼새 _ 47

검은머리물떼새과 Family Haematopodidae
검은머리물떼새 *Haematopus ostralegus* Eurasian Oystercatcher _ 50

장다리물떼새과 Family Recurvirostridae
장다리물떼새 *Himantopus himantopus* Black-winged Stilt _ 58
뒷부리장다리물떼새 *Recurvirostra avosetta* Pied Avocet _ 64

물떼새과 Family Charadriidae
댕기물떼새 *Vanellus vanellus* Northern Lapwing _ 70
민댕기물떼새 *Vanellus cinereus* Grey-headed Lapwing _ 76
검은가슴물떼새 *Pluvialis fulva* Pacific Golden Plover _ 82
개꿩 *Pluvialis squatarola* Grey Plover _ 88
흰죽지꼬마물떼새 *Charadrius hiaticula* Common Ringed Plover _ 94
흰목물떼새 *Charadrius placidus* Long-billed Plover _ 98
꼬마물떼새 *Charadrius dubius* Little Ringed Plover _ 102
흰물떼새 *Charadrius alexandrinus* Kentish Plover _ 108
왕눈물떼새 *Charadrius mongolus* Lesser Sand Plover _ 114
큰왕눈물떼새 *Charadrius leschenaultii* Greater Sand Plover _ 120
큰물떼새 *Charadrius veredus* Oriental Plover _ 126
흰눈썹물떼새 *Charadrius morinellus* Eurasian Dotterel _ 132

호사도요과 Family Rostratulidae
호사도요 *Rostratula benghalensis* Greater Painted Snipe _ 138

물꿩과 Family Jacanidae
물꿩 *Hydrophasianus chirurgus* Pheasant-tailed Jacana _ 146

도요과 Family Scolopacidae
멧도요 *Scolopax rusticola* Eurasian Woodcock _ 152
꼬마도요 *Lymnocryptes minimus* Jack Snipe _ 156
청도요 *Gallinago solitaria* Solitary Snipe _ 158
큰깍도요 *Gallinago hardwickii* Latham's Snipe _ 162
바늘꼬리도요 *Gallinago stenura* Pin-tailed Snipe _ 164
깍도요사촌 *Gallinago megala* Swinhoe's Snipe _ 168
깍도요 *Gallinago gallinago* Common Snipe _ 172
긴부리도요 *Limnodromus scolopaceus* Long-billed Dowitcher _ 178

큰부리도요 *Limnodromus semipalmatus* Asian Dowitcher _ 180

흑꼬리도요 *Limosa limosa* Black−tailed Godwit _ 184

큰뒷부리도요 *Limosa lapponica* Bar−tailed Godwit _ 192

쇠부리도요 *Numenius minutus* Little Curlew _ 198

중부리도요 *Numenius phaeopus* Whimbrel _ 202

마도요 *Numenius arquata* Eurasian Curlew _ 208

알락꼬리마도요 *Numenius madagascariensis* Far Eastern Curlew _ 212

학도요 *Tringa erythropus* Spotted Redshank _ 218

붉은발도요 *Tringa totanus* Common Redshank _ 224

쇠청다리도요 *Tringa stagnatilis* Marsh Sandpiper _ 228

청다리도요 *Tringa nebularia* Common Greenshank _ 232

청다리도요사촌 *Tringa guttifer* Nordmann's Greenshank _ 238

큰노랑발도요 *Tringa melanoleuca* Greater Yellowlegs _ 244

삑삑도요 *Tringa ochropus* Green Sandpiper _ 246

알락도요 *Tringa glareola* Wood Sandpiper _ 250

뒷부리도요 *Xenus cinereus* Terek Sandpiper _ 254

깝작도요 *Actitis hypoleucos* Common Sandpiper _ 258

노랑발도요 *Heteroscelus brevipes* Grey−tailed Tattler _ 262

꼬까도요 *Arenaria interpres* Ruddy Turnstone _ 268

붉은어깨도요 *Calidris tenuirostris* Great Knot _ 272

붉은가슴도요 *Calidris canutus* Red Knot _ 278

세가락도요 *Calidris alba* Sanderling _ 284

좀도요 *Calidris ruficollis* Red−necked Stint _ 292

작은도요 *Calidris minuta* Little Stint _ 298

흰꼬리좀도요 *Calidris temminckii* Temminck's Stint _ 302

종달도요 *Calidris subminuta* Long−toed Stint _ 308

아메리카메추라기도요 *Calidris melanotos* Pectoral Sandpiper _ 314

메추라기도요 *Calidris acuminata* Sharp−tailed Sandpiper _ 316

붉은갯도요 *Calidris ferruginea* Curlew Sandpiper _ 320

민물도요 *Calidris alpina* Dunlin _ 326

넓적부리도요 *Eurynorhynchus pygmeus* Spoon−billed Sandpiper _ 332

송곳부리도요 *Limicola falcinellus* Broad−billed Sandpiper _ 336

누른도요 *Tryngites subruficollis* Buff−breasted Sandpiper _ 340

목도리도요 *Philomachus pugnax* Ruff _ 342

큰지느러미발도요 *Phalaropus tricolor* Wilson's Phalarope _ 348

지느러미발도요 *Phalaropus lobatus* Red−necked Phalarope _ 350

붉은배지느러미발도요 *Phalaropus fulicarius* Red Phalarope _ 354

제비물떼새과 Family Glareolidae

제비물떼새 *Glareola maldivarum* Oriental Pratincole _ 358

도요새 목록

1. 검은머리물떼새과 Family Haematopodidae
1. 검은머리물떼새 *Haematopus ostralegus* Eurasian Oystercatcher

2. 장다리물떼새과 Family Recurvirostridae
2. 장다리물떼새 *Himantopus himantopus* Black-winged Stilt
3. 뒷부리장다리물떼새 *Recurvirostra avosetta* Pied Avocet

3. 물떼새과 Family Charadriidae
4. 댕기물떼새 *Vanellus vanellus* Northern Lapwing
5. 민댕기물떼새 *Vanellus cinereus* Grey-headed Lapwing
6. 검은가슴물떼새 *Pluvialis fulva* Pacific Golden Plover
7. 개꿩 *Pluvialis squatarola* Grey Plover
8. 흰죽지꼬마물떼새 *Charadrius hiaticula* Common Ringed Plover
9. 흰목물떼새 *Charadrius placidus* Long-billed Plover
10. 꼬마물떼새 *Charadrius dubius* Little Ringed Plover
11. 흰물떼새 *Charadrius alexandrinus* Kentish Plover
12. 왕눈물떼새 *Charadrius mongolus* Lesser Sand Plover
13. 큰왕눈물떼새 *Charadrius leschenaultii* Greater Sand Plover
14. 큰물떼새 *Charadrius veredus* Oriental Plover
15. 흰눈썹물떼새 *Charadrius morinellus* Eurasian Dotterel

4. 호사도요과 Family Rostratulidae
16. 호사도요 *Rostratula benghalensis* Greater Painted Snipe

5. 물꿩과 Family Jacanidae
17. 물꿩 *Hydrophasianus chirurgus* Pheasant-tailed Jacana

6. 도요과 Family Scolopacidae
18. 멧도요 *Scolopax rusticola* Eurasian Woodcock
19. 꼬마도요 *Lymnocryptes minimus* Jack Snipe
20. 청도요 *Gallinago solitaria* Solitary Snipe
21. 큰꺅도요 *Gallinago hardwickii* Latham's Snipe
22. 바늘꼬리도요 *Gallinago stenura* Pin-tailed Snipe
23. 꺅도요사촌 *Gallinago megala* Swinhoe's Snipe
24. 꺅도요 *Gallinago gallinago* Common Snipe
25. 긴부리도요 *Limnodromus scolopaceus* Long-billed Dowitcher
26. 큰부리도요 *Limnodromus semipalmatus* Asian Dowitcher
27. 흑꼬리도요 *Limosa limosa* Black-tailed Godwit

28. 큰뒷부리도요 *Limosa lapponica* Bar—tailed Godwit
29. 쇠부리도요 *Numenius minutus* Little Curlew
30. 중부리도요 *Numenius phaeopus* Whimbrel
31. 마도요 *Numenius arquata* Eurasian Curlew
32. 알락꼬리마도요 *Numenius madagascariensis* Far Eastern Curlew
33. 학도요 *Tringa erythropus* Spotted Redshank
34. 붉은발도요 *Tringa totanus* Common Redshank
35. 쇠청다리도요 *Tringa stagnatilis* Marsh Sandpiper
36. 청다리도요 *Tringa nebularia* Common Greenshank
37. 청다리도요사촌 *Tringa guttifer* Nordmann's Greenshank
38. 큰노랑발도요 *Tringa melanoleuca* Greater Yellowlegs
39. 삑삑도요 *Tringa ochropus* Green Sandpiper
40. 알락도요 *Tringa glareola* Wood Sandpiper
41. 뒷부리도요 *Xenus cinereus* Terek Sandpiper
42. 깝작도요 *Actitis hypoleucos* Common Sandpiper
43. 노랑발도요 *Heteroscelus brevipes* Grey—tailed Tattler
44. 꼬까도요 *Arenaria interpres* Ruddy Turnstone
45. 붉은어깨도요 *Calidris tenuirostris* Great Knot
46. 붉은가슴도요 *Calidris canutus* Red Knot
47. 세가락도요 *Calidris alba* Sanderling
48. 좀도요 *Calidris ruficollis* Red—necked Stint
49. 작은도요 *Calidris minuta* Little Stint
50. 흰꼬리좀도요 *Calidris temminckii* Temminck's Stint
51. 종달도요 *Calidris subminuta* Long—toed Stint
52. 아메리카메추라기도요 *Calidris melanotos* Pectoral Sandpiper
53. 메추라기도요 *Calidris acuminata* Sharp—tailed Sandpiper
54. 붉은갯도요 *Calidris ferruginea* Curlew Sandpiper
55. 민물도요 *Calidris alpina* Dunlin
56. 넓적부리도요 *Eurynorhynchus pygmeus* Spoon—billed Sandpiper
57. 송곳부리도요 *Limicola falcinellus* Broad—billed Sandpiper
58. 누른도요 *Tryngites subruficollis* Buff—breasted Sandpiper
59. 목도리도요 *Philomachus pugnax* Ruff
60. 큰지느러미발도요 *Phalaropus tricolor* Wilson's Phalarope
61. 지느러미발도요 *Phalaropus lobatus* Red—necked Phalarope
62. 붉은배지느러미발도요 *Phalaropus fulicarius* Red Phalarope

7. 제비물떼새과 Family Glareolidae
63. 제비물떼새 *Glareola maldivarum* Oriental Pratincole

도요물떼새의 이해

■ 도요물떼새류 분류

우리나라에 도래하는 도요물떼새는 분류학상 도요목(Charadriiformes)의 도요과 (Scolopacidae)와 물떼새과(Charadriidae)에 속하는 조류를 일반적으로 의미한다. 그렇지 만 검은머리물떼새과(Haematopodidae), 장다리물떼새과(Recurvirostridae), 호사도요과 (Rostratulidae), 제비물떼새과(Glareolidae), 물꿩과(Jacanidae)도 도요물떼새의 범주에 포함 한다. 이외에도 도요목에는 갈매기류(갈매기과, 제비갈매기과, 도둑갈매기과)와 바다오리류 (바다오리과)도 포함된다.

일반적으로 물떼새과(Charadriidae)의 조류는 도요과(Scolopacidae) 조류와 서식지를 공유 하며, 외형과 행동이 유사해 서로 근연관계에 있는 것으로 알려져 왔으나, 최근 형태적, 유전 적인 계통분석 결과에 따르면 물떼새과 조류는 도요과 조류보다는 오히려 다른 도요목 조류인 갈매기과(Laridae) 또는 제비갈매기과(Sternidae)와 근연관계에 있을 가능성이 제시되고 있다. 도요목에 속하는 도요물떼새를 비롯한 다양한 분류군들은 유사한 서식환경에서 짧은 시간에 폭발적인 진화과정을 겪은 것으로 추정되며, 그로 인해 정확한 계통을 추정하고 분류 체계를 정립하는데 여전히 불확실성이 존재한다.

만경강 하구. 2012. 08. 08. ⓒ 오동필

■ 생태적·형태적 특징 및 생활사

낙동강 하구. 2012. 05. 06. ⓒ 정민욱

도요류는 물떼새류에 비해 몸, 부리, 다리의 길이 및 형태가 다양하다. 이는 결과적으로 물떼새류보다 더 다양한 생태적 환경에서 서식하는데 도움이 된다. 실제 도요류는 멧도요와 같이 숲에서 서식하는 종에서부터 내륙의 담수 습지, 해안 습지, 대양 한복판과 같이 다양한 환경에서 출현한다.

도요과는 물떼새과 조류에 비해 머리와 눈이 작고, 야간 시각을 담당하는 간상세포(桿狀細胞, rod cell)의 밀도가 낮다. 부리는 대개 물떼새류에 비해 가늘고 길다. 부리 끝에는 압력을 감지하는 기관(헙스트 소체, Herbst's corpuscles)이 다수 분포하고 물떼새류보다 부리의 촉각을 담당하는 뇌의 전두엽이 발달되었으며, 특히 부리가 긴 도요류는 부리 끝을 세밀하게 움직일 수 있다(rhynchokinesis, 꺅도요(177쪽), 흑꼬리도요(190쪽) 사진 참고). 결과적으로 도요류는 부리를 활용한 먹이활동이 잘 발달되어 있으며, 먹이활동에 있어 물떼새류에 비해 시각에 덜 의존적이다.

다리와 부리의 길이, 먹이의 종류와 유무에 따라 먹이활동을 하는 위치와 환경, 수심을 서로 다르게 선택하며, 이로 인해 한 곳에 다양한 종이 높은 밀도로 도래해도 그 지역의 먹이자원을 효율적으

로 나누어 이용할 수 있도록 생태적 지위가 분화되었다. 주로 곤충, 거미, 지렁이, 소형 조개류, 게 등의 저서무척추동물과 갑각류, 연체동물 등을 먹는다. 드물게 식물 종자와 새순을 보충 먹이로 이용하기도 하지만, 목도리도요나 흑꼬리도요의 경우에는 이동시기에 쌀과 같은 곡물이나 식물성 먹이를 다수 섭취하는 경우도 있다. 국내에서도 봄철에 천수만에 도래한 흑꼬리도요가 논에 직파한 볍씨를 먹는 것이 확인된 적이 있다.

도요류는 주로 일부일처제이나, 다수의 종으로 분화된 것처럼 종에 따라 다양한 번식체계 및 번식전략을 보인다. 일반적으로 한배산란수는 3-4개이며, 포란기간은 약 3주다. 조성성이지만 생존을 위해서는 어미의 최소한의 보살핌을 필요로 한다.

몸집이 다양한 도요류에 비해 물떼새류는 몸집이 작은 편이고 다리 길이 역시 중간 정도로 몸통과 다리 길이의 비가 비교적 일정하다. 이들의 가장 큰 형태적 특징은 크고 둥근 눈, 둥근 머리와 짧고 두꺼운 목, 짧고 두툼하며 곧은 부리이며, 뒷발가락은 작아지거나 퇴화했다. 도요류와 달리 부리가 짧아 부리의 움직임이 제한되지만, 뇌의 시각엽이 도요류에 비해 크게 발달했으며 야간 시력도 더 좋은 것으로 보고되어 있다. 따라서 물떼새류는 시각에 크게 의존해 먹이활동을 하는데, 흔히 몇 초 동안 짧은 거리를 뛰어가서 부리로 먹이를 잡으려고 시도하다 잠시 멈추는 행동을 반복한다. 습지의 저서무척추동물과 갑각류 등이 가장 중요한 먹이이며, 곤충, 거미, 지렁이 등도 먹지만 경우에 따라 작은 열매나 씨앗 등으로도 보충한다.

물떼새류는 주로 일부일처제로, 번식기에는 번식을 위한 세력권을 유지한다. 이동하거나

이동시기에 휴식을 취할 때에는 집단으로 행동하지만, 이동 중이라도 먹이를 찾거나 비번식지에서는 소규모의 먹이 세력권을 유지하기도 한다. 한배산란수는 보통 3-4개로, 1-2일 간격으로 산란한 후, 한배산란수가 완성되면 21-30일간 포란한다. 조성성 조류이므로 새끼는 부화 후 1-2일 사이에 둥지를 떠나 스스로 먹이를 찾을 수 있지만, 포식자나 악천후 등을 회피하고 생존하기 위해서는 어미의 도움이 반드시 필요하다. 따라서 새끼의 생존율은 포식자, 기온, 홍수 등 여러 환경조건에 의해 크게 변한다.

도요물떼새류의 생활사는 분류군, 종, 아종, 이동성, 지역, 연령 등 여러 요인에 따라 다양하지만, 이동성 도요물떼새들의 일반적인 생활사를 요약하면 다음과 같다.

4-7월: 번식지 도착, 짝 형성, 산란, 포란, 부화, 이소
6-8월: 번식 후 깃털갈이, 지방축적
8-10월: 남하 이동, 중간기착, 지방축적
10-3월: 비번식지 도착, (완전)깃털갈이
2-3월: 번식깃 발달, 지방축적
3-5월: 북상 이동, 번식깃 발달, 중간기착, 지방축적

■ 도요물떼새의 이동

　도요물떼새에 속하는 많은 종은 주로 북반구의 고위도에 있는 습지에서 번식한 후 남쪽으로 장거리 이동하는 습성이 있는 철새로, 연간 25,000−30,000㎞에 이르는 거리를 이동하기도 한다.

　고위도 지역은 인간의 간섭이 적고 훼손되지 않은 넓은 습지가 분포하며, 짧은 여름 동안 다수의 먹이가 발생하고 낮의 길이가 길어서 도요물떼새의 번식에 적당한 환경이 조성된다. 하지만 짧은 여름 동안 많은 생물량을 바탕으로 번식한 도요물떼새류는 곧 다가올 고위도의 혹독한 겨울을 피해 남쪽으로 이동해야 한다. 따라서 일부 종은 북반구의 저위도 온대지역, 열대지역 또는 적도 부근으로 이동하며, 일부는 적도를 통과해 남반구의 호주, 뉴질랜드, 아프리카, 남미 등지로 이동하기도 한다. 비록 북반구의 계절은 겨울이지만, 도요물떼새가 머무는 남반구의 계절은 여름에 해당하며 열대지역에서는 겨울이라는 계절의 의미가 크지 않다. 따라서 도요물떼새들은 종종 여름을 쫓아 이동하는 철새로 불리며, 이와 관련해 북반구의 겨울 동안 도요물떼새가 분포하는 지역은 월동지(wintering ground)라는 용어 대신 비번식지(non-breeding ground)라는 표현을 사용한다.

2008. 10. 11. ⓒ 김화연

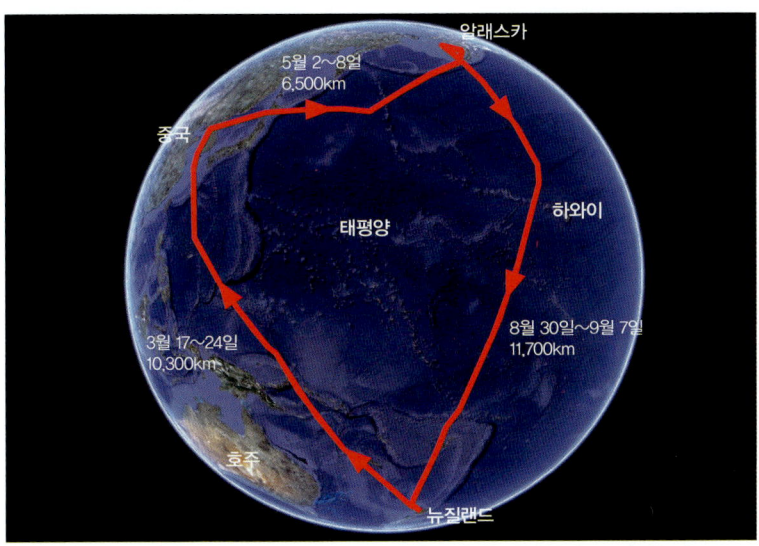

인공위성발신기 연구를 통해 밝혀진 우리나라 서해안을 통과하는 큰뒷부리도요의 이동경로

앞서 살펴본 바와 같이 이동성 도요물떼새들은 연간 생활사의 절반이 이동(migration) 또는 이동을 준비하는 기간에 해당할 정도로, 이동은 도요물떼새의 생활사에 필수적인 과정이다. 이동을 시작한 도요물떼새들은 3-7일간 먹거나 마시는 과정을 생략한 채로 3,000-8,000㎞ 거리를 전혀 쉬지 않고 비행하며, 이는 다른 척추동물은 물론 일반적인 조류의 물질대사와 지속운동량 측면에서 비교할 때도 매우 특수한 경우다.

도요물떼새의 날개는 가늘고 뾰족해 비행의 효율성이 높으며, 날갯짓할 때 가장 중요한 역할을 하는 가슴근육이 지방을 제외한 전체 체중의 1/4을 차지할 정도로 신체구조가 장거리 비행에 적합하다. 그러나 생명을 위협할 정도로 매우 극단적인 장거리 이동에 성공하기 위해서, 도요물떼새류는 여러 방식으로 이동을 준비한다. 먼저 다리근육과 같은 비행에 불필요한 근육이 축소되는 반면, 비행에 필수적인 가슴근육을 발달시키고 깃털갈이를 통해 비행 효율을 높인다. 이동 중 먹이나 물을 먹지 않으므로 불필요한 소화기관의 크기와 무게도 줄어든다. 효율적인 산소 전달을 위해 심장이 커지며 혈액 내 혈구의 수도 증가한다. 내륙 습지에서 번식한 종들은 염선(鹽腺, salt gland)이 확대되며, 이를 통해 해안 또는 갯벌의 염분이 많은 먹이를 섭취한 후 염분의 체외 배출을 원활하게 한다. 무엇보다 중요한 것은 이동에 필요한 에너지원을 확보하기 위해 상당한 양의 피하지방을 축적하는 것이다.

흔히 동물의 에너지원으로 사용되는 영양소에는 단백질, 탄수화물, 지방이 있으며, 이 중에서 가장 직접적이며 즉시 사용할 수 있는 에너지원은 탄수화물이다. 그러나 4 ㎉/g의 열량을 지닌 탄수화물은 최대 저장량이 전체 체중의 1% 미만에 불과하며, 단백질은 몸의 구성 성분으

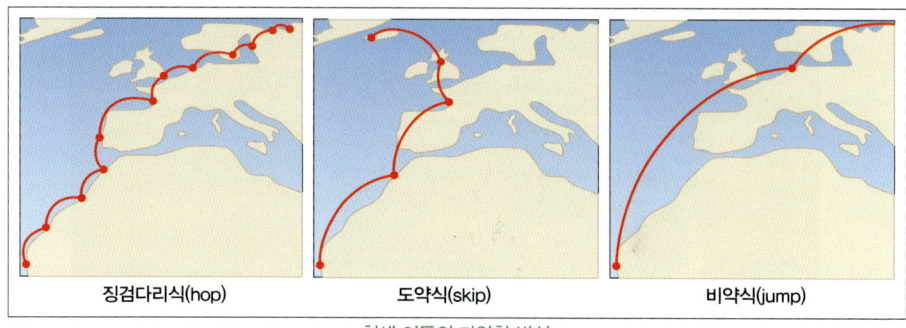

| 징검다리식(hop) | 도약식(skip) | 비약식(jump) |

철새 이동의 다양한 방식

로 활용된다. 반면 9 kcal/g의 열량을 낼 수 있는 지방은 체중의 100%에 이르는 양을 축적할 수 있으며, 수분을 적게 함유하므로 단위무게 당 많은 열량을 옮길 수 있는 장점이 있다. 따라서 도요물떼새는 한 시간 미만의 단거리 이동에는 탄수화물을 이용하지만, 번식지와 비번식지 사이의 장거리 이동에는 지방을 주요 에너지원으로 활용한다.

이처럼 이동을 준비하는 도요물떼새는 서로 다른 이동전략에 따라 지방을 축적하게 되는데, 이 때 불필요하게 많이 축적된 지방으로 인해 움직이는데 더 많은 에너지가 필요할 뿐 아니라 행동을 둔하게 만들어 포식자의 공격에 취약하게 된다. 따라서 도요물떼새의 지방 축적량은 이동에 필요한 에너지의 양과 지방을 옮기는데 필요한 에너지 및 포식위협의 균형에 의해 결정된다. 결국 단거리 이동 철새는 여러 중간기착지에서 원래 체중의 10-30%, 장거리 이동 철새는 소수의 중간기착지에서 체중의 70-100%까지 지방을 축적한다. 예를 들어 다수의 습지에서 징검다리식 이동(hopping migration)을 하는 깝작도요는 상대적으로 적은 양의 지방을 축적하며, 이동 중 한 곳의 중간기착지를 이용하는 비약식 이동(jump migration)을 보이는 붉은어깨도요, 붉은가슴도요, 붉은갯도요와 같은 종들은 많은 양의 지방을 축적한다. 또 도요물떼새는 같은 종이라고 해도 지역에 따라 이동거리와 시기, 전략 등에서 차이를 보이며, 결과적으로 지방 축적량도 차이를 보인다. 예를 들어 태평양을 건너 뉴질랜드와 알래스카를 이동하는 큰뒷부리도요의 아종(*Limosa lapponica baueri*)은 체중의 35-40%에 이르는 지방을 축적하지만, 대서양 연안을 따라 이동하는 유럽의 큰뒷부리도요 아종(*L. l. taymyrensis*)은 체중의 25-30% 수준의 지방만을 축적한다.

장거리 이동을 시작한 도요물떼새는 일반적으로 높은 고도를 선택하는데, 캐나다에서 레이더를 통해 추적한 결과에 따르면 대서양을 건너는 도요물떼새들의 평균 고도는 해발 2,000m, 최대 고도는 6,650m로 기록되었다. 이렇게 높은 고도로 이동할 경우 포식자를 피하는 동시에 낮은 기온에서 체내의 수분 손실을 줄이고 체온 상승을 억제할 수 있으며, 높은 고도의 기류를 이용해 더 쉽게 날 수 있는 장점이 있다.

▒ 생존율 및 수명

　소형 물떼새류의 수명은 10여 년, 중대형 물떼새류는 20여 년이다. 어미새의 생존율은 70-90%로 알려져 있으며, 일반적으로 이소한 새끼의 1년 생존율은 50% 미만으로 추정된다.

　아래 표는 2011년까지 유럽, 북남미, 동아시아-대양주 철새 이동경로 등에서 가락지 부착 조사를 통해 밝혀진 도요물떼새의 야생에서의 최대수명 기록이다. 비록 야생에서의 평균 수명은 이보다 짧을 것으로 예측되지만, 계속 기록이 갱신된다는 점, 완전히 성장한 어미새의 사망률은 비교적 낮다는 점 등을 감안한다면 어미새가 된 도요물떼새류는 10-20년 이상, 일부 대형 종은 최대 30-40년까지 생존할 수 있다는 것을 알 수 있다.

국명	학명	야생에서 확인된 최대 수명
뒷부리장다리물떼새	Recurvirostra avosetta	27년 10개월
장다리물떼새	Himantopus himantopus	16년 0개월
검은머리물떼새	Haematopus ostralegus	43년 4개월
댕기물떼새	Vanellus vanellus	24년 6개월
개꿩	Pluvialis squatarola	25년 7개월
검은가슴물떼새	Pluvialis fulva	21년 4개월
흰물떼새	Charadrius alexandrinus	19년 0개월
왕눈물떼새	Charadrius mongolus	15년 7개월
꼬마물떼새	Charadrius dubius	13년 0개월
좀도요	Calidris ruficollis	18년 9개월
민물도요	Calidris alpina	28년 10개월
세가락도요	Calidris alba	18년 7개월
붉은가슴도요	Calidris canutus	27년 3개월
붉은갯도요	Calidris ferruginea	19년 8개월
붉은어깨도요	Calidris tenuirostris	19년 8개월
삑삑도요	Tringa ochropus	11년 6개월
알락도요	Tringa glareola	11년 7개월
붉은발도요	Tringa totanus	26년 11개월
청다리도요	Tringa nebularia	24년 5개월
깝작도요	Actitis hypoleucos	14년 6개월
노랑발도요	Heteroscelus brevipes	19년 1개월
꼬까도요	Arenaria interpres	21년 5개월
뒷부리도요	Xenus cinereus	16년 10개월
큰뒷부리도요	Limosa lapponica	33년 11개월
흑꼬리도요	Limosa limosa	23년 7개월
중부리도요	Numenius phaeopus	24년 3개월
마도요	Numenius arquata	31년 9개월
알락꼬리마도요	Numenius madagascariensis	19년 1개월
꺅도요	Gallinago gallinago	16년 3개월
멧도요	Scolopax rusticola	15년 6개월

■ 도요물떼새의 이동경로 연구

가락지 부착조사는 알루미늄 또는 니켈 합금으로 된 금속 가락지를 다리에 부착해 철새의 이동경로, 수명 등을 파악하는 연구활동이다. 금속가락지의 경우 가락지를 부착한 조류를 다시 재포획해 가락지에 있는 고유번호와 주소를 읽은 후 가락지를 부착한 기관에 연락해서 처음으로 부착한 곳의 정보를 받아야 가락지 부착지점을 확인할 수 있다. 그러나 가락지를 부착한 조류를 다시 포획하는 것은 매우 어렵기 때문에 유색가락지를 부착해 조류의 이동경로를 파악하는 경우도 있다.

유색가락지는 금속가락지에 비해 발견 확률이 높고, 원거리에서도 색상정보를 확인할 수 있기 때문에 활용도가 높다. 특히 넓은 습지에 서식하고 이동시기에 다수 개체가 군집을 이루며 다리가 긴 도요물떼새의 경우 유색가락지를 관찰하기에 유리하다. 따라서 주요 철새 이동경로에서는 국가별로 사용 가능한 유색 표지의 형태와 크기, 색깔, 조합 등을 협의한 '도요물떼새 유색표지규약(shorebirds color marking protocol)'을 정한 후 이동경로 연구를 위해 유색표지를 적극적으로 활용하고 있다. 우리나라가 속하는 동아시아–대양주 철새 이동경로 (East Asian–Australasian Flyway)에서는 1997년 이후 총 6개의 공식 색상(흰색, 검정색, 파란색, 녹색, 노란색, 주황색) 유색표지 조합을 국가 · 지역별로 배정해 이용하고 있다.

우리나라에서는 초창기에 위쪽에 주황색, 아래쪽에 흰색 표지를 사용했으나, 현재는 위쪽에 흰색, 아래쪽에 주황색 조합을 사용하고 있다. 유색표지는 색상의 조합뿐만 아니라, 다리의 위치, 표지의 형태 등을 다르게 해 각 국가 내에서의 지역별 위치를 표시하기도 한다. 최근에는 유색표지에 문자, 숫자 등을 원거리에서도 읽을 수 있도록 각인해 식별할 수 있게 하는 방법도 많이 이용된다.

남양만, 2008, 05, 06, ⓒ 곽호경

동아시아–대양주 철새 이동경로의 도요물떼새 유색표지규약(색깔별 정렬)

위쪽 표지	아래쪽 표지	국가	지역
검정색	검정색	미얀마	
검정색	파란색	필리핀	
검정색	녹색	태국	타이반도 & 타이만
검정색	주황색	인도네시아	자바 & 발리
검정색	흰색	중국	충밍 섬
검정색	노란색	말레이시아	
파란색	검정색	중국	하이난–광시
파란색	파란색	일본	코무케 호수 & 홋카이도 북부
파란색	녹색	몽골	
파란색	주황색	일본	큐슈
파란색	흰색	일본	토쿄만
파란색	노란색	중국	보하이만
파란색	없음	일본	순쿠니타이 & 홋카이도 동부
녹색	검정색	캄보디아	
녹색	파란색	중국	장쑤성
녹색	주황색	중국	압록강
녹색	흰색	싱가포르	
녹색	노란색	호주	카펀테리아만
녹색	없음	호주	퀸즈랜드주
주황색	검정색	인도네시아	수마트라
주황색	파란색	호주	태즈매니아주
주황색	녹색	호주	뉴사우스웨일즈주
주황색	흰색	대한민국	현재는 사용하지 않음
주황색	노란색	호주	사우스오스트레일리아주
주황색	없음	호주	빅토리아주
흰색	검정색	중국	충밍 섬(현재는 사용하지 않음)
흰색	파란색	대만	
흰색	녹색	뉴질랜드	남섬
흰색	주황색	대한민국	
흰색	노란색	중국	홍콩
흰색	없음	뉴질랜드	북섬
노란색	검정색	러시아	캄차카
노란색	파란색	호주	노던준주
노란색	녹색	베트남	
노란색	주황색	호주	웨스턴오스트레일리아주 남서부
노란색	흰색	러시아	사할린섬
노란색	없음	호주	웨스턴오스트레일리아주 북부

동아시아–대양주 철새 이동경로의 도요물떼새 유색표지규약(국가별 정렬)

위쪽 표지	아래쪽 표지	국가	지역
녹색	노란색	호주	카펀테리아만
녹색	없음	호주	퀸즈랜드주
주황색	파란색	호주	태즈매니아주
주황색	녹색	호주	뉴사우스웨일즈주
주황색	노란색	호주	사우스오스트레일리아주
주황색	없음	호주	빅토리아주
노란색	파란색	호주	노던준주
노란색	주황색	호주	웨스턴오스트레일리아주 남서부
노란색	없음	호주	웨스턴오스트레일리아주 북부
녹색	검정색	캄보디아	
검정색	흰색	중국	충밍 섬
파란색	검정색	중국	하이난–광시
파란색	노란색	중국	보하이만
녹색	파란색	중국	장쑤성
녹색	주황색	중국	압록강
흰색	검정색	중국	충밍섬(현재는 사용하지 않음)
흰색	노란색	중국	홍콩
흰색	파란색	대만	
검정색	주황색	인도네시아	자바 & 발리
주황색	검정색	인도네시아	수마트라
파란색	파란색	일본	코무케 호수 & 홋카이도 북부
파란색	주황색	일본	큐슈
파란색	흰색	일본	토쿄만
파란색	없음	일본	순쿠니타이 & 홋카이도 동부
검정색	노란색	말레이시아	
파란색	녹색	몽골	
검정색	검정색	미얀마	
흰색	녹색	뉴질랜드	남섬
흰색	없음	뉴질랜드	북섬
검정색	파란색	필리핀	
노란색	검정색	러시아	캄차카
노란색	흰색	러시아	사할린섬
녹색	흰색	싱가포르	
주황색	흰색	대한민국	현재는 사용하지 않음
흰색	주황색	대한민국	
검정색	녹색	태국	타이반도 & 타이만
노란색	녹색	베트남	

[출처: www.eaaflyway.net]

유색표지는 변색이 적고 내구성이 강한 PVC의 일종인 다빅(Darvic)으로 제작했으나, 수명이 길고 자외선이 강한 습지, 해안 등에 서식하는 도요물떼새의 특성상 시간에 따라 변색 또는 탈색되는 경우가 빈번히 발생하고 있다. 특히 주황색이 노란색, 노란색이 흰색으로 보고되거나 흰색 유색표지가 노란색으로 보고되는 경우가 많으므로, 야외 관찰 시에는 색 식별에 주의가 필요하다.

현재 동아시아−대양주 철새 이동경로에서 관찰되는 도요물떼새의 유색표지 관찰 정보는 각 국가별 가락지 부착체계와 함께 호주에 기반을 둔 AWSG (Australasian Wader Studies Group)에서 종합하고 있다. 야외에서 관찰된 도요물떼새의 유색표지는 도요물떼새의 단순한 이동거리나 방향뿐만 아니라 두 지역 간의 연결성, 종의 분포, 이동시기, 생존·사망률, 수명 등을 추정할 수 있게 해 주는 매우 중요한 정보를 포함하며, 이를 통해 궁극적으로는 서식지와 종 보전에 기여할 수 있다. 따라서 도요물떼새의 유색표지를 관찰하게 되면 관찰자, 관찰 장소, 일시, 유색표지를 단 개체의 종과 연령, 성별, 가락지의 색상과 조합, 형태와 부착 위치, 함께 관찰된 도요물떼새 정보 등을 해당 국가의 가락지 부착기관에 연락하도록 권고하고 있다.

이 정보는 각 국가별로 취합된 후 AWSG에 전달된다. 이후 해당 개체에 대한 유색표지 부착 및 관찰 정보는 그 유색표지가 관찰된 국가, 최초 부착한 국가 및 관찰자와 보고자가 함께 공유하게 된다. 현재 국내의 관찰정보는 국립생물자원관 동물자원과에서 종합하고 있다(연락이메일 : kbbs1184@gmail.com). 최근 관찰자가 유색표지 관찰정보를 국립생물자원관을 거치지 않고 해외의 가락지 부착기관이나 AWSG와 직접 교신하는 경우가 있다. 이 경우 국내에서 관찰된 도요물떼새의 정보가 국내에 종합적으로 수집되지 못하게 되므로 결국 국내의 정보 부실 및 도요물떼새의 종 및 서식지 보전을 위한 자료 누락으로 이어지게 된다. 따라서 국내의 철새이동경로 연구를 수행하는 국립생물자원관에 유색표지 관찰정보를 전달하는 것은 우리나라 도요물떼새 보전에 기여하는 한 방법이라 할 수 있다.

제주도, 2006. 08. 24. ⓒ 강창완

■ 도요물떼새 동정의 기초

　도요물떼새류의 종을 구별하는 것은 탐조를 시작한 초보자에게 쉽지 않은 편이다. 그러나 구별이 쉬운 종과 번식깃을 중심으로 지속적으로 관찰하면서 종을 조금씩 익혀나간다면 다소 구별이 어려운 종이나 비번식깃과 어린새의 구분도 가능해질 것이다. 도요물떼새류의 동정에 도움이 될 만한 몇 가지 방법을 소개한다.

형태와 윤곽
　조류를 식별하는데 가장 유용한 수단 중의 하나가 형태다. 특히 역광처럼 광선 조건이 나쁠 때, 관찰거리가 멀 때, 날아갈 때 등 전체적인 특징을 자세히 관찰하기 어려울 때는 더욱 유용한 동정 수단이다. 도요물떼새의 경우 먼 거리에서 관찰해야 하고 광선 조건을 바꾸기 위해 반대편으로 돌아가는 것이 어렵기 때문에 전체적인 형태를 통해서 종을 구분해야할 때가 많다. 또한 번식깃에서 보이던 특징적인 색과 무늬가 비번식깃에서 사라지는 경우가 많아서 형태적인 특징은 비번식깃에서 더욱 중요하다. 초보자가 먼 거리에서 배율이 높은 망원경으로 구분하기 어려운 종을 도요물떼새 관찰경험이 많은 사람은 배율이 낮은 쌍안경으로 구분하기도 한다. 이럴 때 동정을 위해 가장 유용한 특징은 윤곽이다.

금강 하구, 2012. 10. 15. ⓒ 오동필

도요물떼새류는 부리, 목, 다리의 길이와 굵기, 몸의 형태에 차이가 있다. 몇 가지 예를 들면 붉은어깨도요의 부리 길이는 머리 길이에 비해 길어 보이고, 붉은가슴도요의 부리 길이는 머리 길이에 비해 짧아 보인다. 큰뒷부리도요와 흑꼬리도요는 형태적으로 비슷하지만 비교적 먼 거리에서도 큰뒷부리도요의 부리는 위로 약간 휘어진 것처럼 보이고 흑꼬리도요는 부리가 직선으로 보인다. 도감을 보면서 청다리도요와 청다리도요사촌의 차이를 구분하기는 쉽지 않지만 야외에서 두 종을 함께 비교할 기회가 있다면 다리 길이에 따른 형태적인 차이에 주목할 필요가 있다. 이런 차이를 구분하게 되면 가까운 거리에서도 구분하기 어렵던 종들을 상당히 먼 거리에서도 구분할 수 있게 된다. 이런 이유로 평소에 좋은 광선과 가까운 거리에서 관찰할 때 종에 따라 어떤 형태적 차이가 있는지 관찰하고 기억하는 것이 중요하다.

크기

몸의 크기는 옆에 비교 대상(크기를 알고 있는 새 또는 사물)이 있을 때 유용하지만 비교 대상이 없을 때는 큰 의미가 없다. 오히려 크기에 대한 선입견이 종 식별을 어렵게 만들기도 하므로 새의 크기는 비교 대상이 있을 때만 활용하고 종의 식별은 철저히 특징 위주로 확인하는 습관을 길러야 한다. 도요물떼새류의 경우 여러 종이 무리를 이루는 경우가 많기 때문에 종간 크기를 비교해 동정에 도움을 받을 수 있다. 먼저 자신이 확실하게 동정이 가능한 종을 찾은

무안. 2009. 05. 13. ⓒ 박형욱

31

후 그 종보다 더 큰 지 작은 지를 판단하는 것을 동정을 위한 첫 단계로 삼는 것이 좋다.

도요류는 다른 조류에 비해 같은 종 내에서 몸 크기의 차이가 큰 편이다. 붉은발도요처럼 분포권이 남과 북으로 긴 종의 경우 분포권의 남쪽 번식집단에 비해 북쪽 번식집단의 날개길이가 길고 몸 크기가 더 큰 편이다. 동서로 분포권이 긴 종의 경우는 동에서 서로 가면서 몸 크기가 더 커지는 종도 있지만 더 작아지는 종도 있다. 예를 들어 흑꼬리도요는 동에서 서로 가면서 몸 크기가 작아지는 경향이 있지만 큰뒷부리도요는 더 커지는 경향이 있다. 그래서 유럽에서는 흑꼬리도요가 큰뒷부리도요보다 더 크지만 한국에서는 큰뒷부리도요가 흑꼬리도요보다 크다.

색과 무늬

도요물떼새 중 많은 종의 번식깃은 색과 무늬가 뚜렷하기 때문에 봄에는 동정이 쉬운 경우가 많다. 예를 들어 봄에는 왕눈물떼새와 흰물떼새, 민물도요와 붉은갯도요, 붉은가슴도요와 붉은어깨도요를 구별하기가 아주 쉽다. 그러나 비번식깃의 어미새와 어린새가 대부분인 가을에는 종의 구별이 쉽지 않다.

도요물떼새의 동정을 어렵게 하는 이유는 비슷한 종이 많아서이기도 하지만 번식깃과 비번식깃의 차이가 크고 깃털갈이를 하는 기간에 번식깃과 비번식깃의 중간적인 특징을 가진 개체들이 많기 때문이기도 하다. 특히 우리나라의 경우 번식지와 월동지를 장거리 이동하면서 잠

강화도. 2006. 05. 03. ⓒ 박건석

시 쉬어가는 종들이 대부분이고 이 시기에 깃털갈이를 하는 개체들이 많기 때문에 동정이 어렵다. 또한 깃털은 장기간 사용하면 마모되기 때문에 무늬와 색에 약간의 변화가 생긴다.

도요물떼새는 부리와 다리의 색도 중요한 특징이 된다. 그러나 이러한 특징은 계절과 연령에 따라 변화가 있기 때문에 지나치게 과신하는 것은 좋지 않다. 도요물떼새를 정확히 동정하기 위해서는 형태, 몸의 크기, 색과 무늬의 특징을 최대한 종합해 판단하는 것이 좋다. 어느 한쪽에 치우친 판단을 할 경우 오류 가능성이 높아진다.

색과 무늬 중 계절에 따라 크게 변화하지 않는 특징도 있다. 예를 들어 흑꼬리도요, 붉은발도요, 뒷부리도요, 깝작도요 같은 종들은 비행할 때 날개와 꼬리의 특징적인 무늬 때문에 먼 거리에서도 쉽게 구별할 수 있다. 마도요와 알락꼬리마도요도 몸의 아랫면은 물론 날개와 허리의 무늬와 색을 보면 쉽게 구별할 수 있다. 학도요의 윗부리는 사계절 검정색 또는 어두운 갈색으로 보이지만 아랫부리는 끝 부분이 어둡고 머리 쪽으로 갈수록 적색 또는 적갈색을 띤다.

행동

새의 행동은 많은 종에서 종이나 분류군을 나누는 중요한 특징이 된다. 그러나 이러한 특징들은 대개 도감에 자세히 묘사되어 있지 않기 때문에 꾸준한 관찰을 통해 자신의 경험을 축적해 나가야 한다.

물떼새류는 일시적으로 정지해서 주변을 살피고 단거리 달리기를 해서 먹이 사냥을 하는 행동을 반복한다. 도요류 중 천천히 걸으면서 먹이를 찾는 종도 있지만 달리면서 먹이를 사냥하는 종도 있다. 부리의 형태에 따라 먹이를 찾으며 갯벌을 찌르는 부리의 각도에 차이가 있는 경우도 있다. 형태적으로 청다리도요와 비슷하게 보이는 청다리도요사촌의 경우 먹이를 찾는 행동이 주로 달리면서 먹이를 사냥하는 뒷부리도요와 비슷하다.

깝작도요가 날아갈 때 날갯짓하는 모습은 다른 종과 뚜렷하게 구분된다. 꺅도요는 놀라서 날아갈 때 둘째날개깃의 백색 부분이 뚜렷하게 보이는 것도 중요한 특징이지만 상당히 빠른 날갯짓으로 단시간에 고도를 높이고 지그재그 비행도 하면서 비교적 먼 거리를 비행한 후 내려앉는다. 그러나 큰꺅도요나 꺅도요사촌 같은 종들은 둘째날개깃의 백색 부분이 없는 것은 물론 느리게 날갯짓하면서 저공비행으로 가까운 곳에 내려앉는다. 이런 행동 특징은 직접적으로 종을 구분하는데 도움을 주기도 하지만 먼 거리에서 다른 종이 섞여 있다는 것을 알게 해주

만경강 하구. 2011. 04. 20. ⓒ 오동필

는 역할도 한다.

  그러나 같은 종이라도 서식지와 먹이의 종류에 따라 행동이 달라지는 경우가 많기 때문에 주의를 요한다. 뒷부리도요의 경우 물이 빠지거나 들어올 때 빠른 속도로 뛰면서 갯벌의 표면에 나와 있는 게를 사냥하는 모습을 자주 볼 수 있지만 물이 완전히 빠진 후에는 큰뒷부리도요처럼 천천히 걸으면서 부리를 갯벌에 규칙적으로 찔러 갯벌 속에 숨어 있는 무척추동물을 잡아먹는다.

소리

  산새류에 비해 도요물떼새의 동정에서 울음소리의 중요성은 낮은 편이다. 노출된 곳에 서식하는 종들이 대부분이라 직접 볼 기회가 비교적 충분히 확보되기 때문이다. 그러나 모든 새들의 동정에서 울음소리가 매우 중요한 역할을 하듯이 도요물떼새에서도 활용할 때가 많으며, 특징적인 울음소리를 내는 종들이 많다.

  초보자들이 가장 쉽게 구분할 수 있는 종은 아마도 청다리도요일 것이다. 흔히 "쫑, 쫑, 쫑"이라고 표현하는 맑고 큰 소리는 수백 미터 밖에서도 들린다. 또한 깝작도요도 날아갈 때 특징적인 소리를 낸다. 마도요와 중부리도요, 알락도요와 삑삑도요도 비슷하게 생겼지만 울음소리에서 뚜렷한 차이가 있다. 울음소리는 쉽게 익히기 어렵고 책을 통해 배우기도 힘들다. 야외에서 정확하게 구분한 종들이 내는 소리를 귀담아 듣는 습관을 통해 조금씩 배워야 한다.

서식지

도요물떼새 중 일부 종은 다양한 서식지에 분포하지만 일부 종은 자신이 좋아하는 특정 서식지에서만 볼 수 있다. 대부분의 도요물떼새들은 갯벌에서 주로 관찰된다. 그러나 세가락도요 같은 종은 모래사장 또는 모래질이 많이 포함된 갯벌지역을 선호한다. 꼬까도요는 갯벌에서도 자주 관찰되지만 다른 도요류가 즐겨 찾지 않는 바위해안에서 흔히 볼 수 있다.

담수 습지를 좋아하는 종들도 많다. 학도요, 메추라기도요, 알락도요, 종달도요, 흰꼬리좀도요, 장다리물떼새는 논이나 수심이 깊지 않은 연못이나 저수지에서 주로 관찰된다. 흑꼬리도요는 봄에 논에서 많은 수가 관찰되지만 가을에는 갯벌에서 주로 관찰된다. 봄에는 모내기를 위해 논에 물이 있지만 가을에는 추수를 앞두고 있어 논에 물이 없기 때문에 계절에 따라 서식지 선택에 변화가 생긴다. 봄에 논에서 주로 관찰되던 다양한 도요들도 가을이 되면 이런 이유로 갯벌에서 관찰되는 경우가 많다. 삑삑도요는 갯벌에 거의 도래하지 않는 종으로 하천, 산간 계

류, 저수지에서 주로 단독으로 활동한다. 청도요도 주로 산간계류나 하천에서 월동한다. 지느러미발도요류는 번식기에 담수습지에서 번식하지만 국내에 도래하는 봄과 가을에는 해양성조류처럼 바다에서 관찰된다. 따라서 해안가에서 다른 도요물떼새와 함께 관찰할 기회는 없지만 태풍이나 강풍을 만나 해안가의 습지나 염전에 일시적으로 도래하는 경우가 있다.

서식지가 종을 구분하는데 결정적인 역할을 할 수는 없다. 그러나 서식지와 도래하는 종에는 밀접한 연관성이 있기 때문에 도요물떼새를 관찰하며 종과 서식지의 연관성에 대해 관심 갖는 것이 중요하다. 또한 서식지에 관심 갖고 관찰할 때 도요물떼새의 생태에 대한 이해의 폭도 넓어질 수 있다. 그러나 도요류는 이동성이 매우 강하기 때문에 전혀 예상하지 못한 곳에 도래할 수 있다는 사실을 늘 기억해야 한다. 글쓴이는 뒷부리도요를 강원도의 대암산 용늪에서 관찰한 적도 있다. 주로 해안가 갯벌에서 관찰하던 뒷부리도요를 강원도 인제군 해발 1,200m 산꼭대기에서 관찰한 것이다.

암수 구분
도요물떼새류의 모든 종에서 암수 구분이 가능한 것은 아니다. 또한 암수 구분이 가능한 종

2012. 09. 26. ⓒ 김화연

만경강 하구. 2010. 09. 24. ⓒ 오동필

도 연령이나 계절에 따라 구분이 어려운 경우가 많다.

도요과는 몸 크기에서 암수 차이가 있는 경우가 많은 편이다. 예를 들어 목도리도요 수컷은 암컷보다 25% 정도 크며, 메추라기도요와 아메리카메추라기도요도 수컷이 암컷보다 크다. 그러나 붉은가슴도요, 붉은어깨도요, 큰뒷부리도요, 마도요류, 지느러미발도요류는 수컷이 암컷보다 작다. 멧도요, 꺅도요류, 청다리도요, 붉은발도요, 깝작도요, 뒷부리도요 같은 종들은 암수가 비슷한 크기다.

좀도요처럼 소형 도요류의 경우 암수의 크기 차이가 눈으로 보아 느낄 만큼 크지 않다. 그러나 부리가 아주 긴 종의 경우 어미새의 부리길이에서 암수 차이를 알 수 있다. 검은머리물떼새 어미새의 경우 암컷이 5-10㎜ 길다고 알려져 있고, 마도요류도 암컷의 부리가 20-30㎜ 더 길다. 이 정도의 길이 차이는 야외에서 경험이 쌓이면 구분할 수 있지만 어린새는 어미새보다 부리길이가 짧기 때문에 가을에는 혼동할 가능성이 있다.

번식깃에서 수컷이 암컷보다 더 화려한 종이 많다. 암수 간에 색과 무늬에서 매우 뚜렷한 차이가 있는 종도 있지만, 일부 종에서는 경향성만 보일 뿐이며 야외에서 정확히 암수를 구분하기가 쉽지 않은 경우도 있다. 특히 어린새의 경우 암수의 크기 차이가 작으며, 번식깃에서 암수 구분이 가능한 종도 비번식깃에서 차이가 없는 경우가 대부분이다. 또한 몸의 크기도 장거리 이동을 할 때 체중이 수시로 늘었다가 줄어드는 것을 반복하는 점을 고려할 때 정확하게 판단하기는 어렵다. 따라서 야외에서 암수를 구분할 수 있는 가장 확률 높은 방법은 번식기에 쌍을 형성한 암수를 함께 비교하는 것이다.

만경강 하구. 2010. 10. 13. ⓒ 오동필

유부도. 2010. 09. 08. ⓒ 오동필

또한 번식깃에서 암수 구분이 가능한 종도 비번식깃에서는 구분하기 어려운 경우가 대부분이다. 흰물떼새는 수컷의 이마, 눈 주위, 옆구리에 검정색 무늬가 뚜렷하지만 암컷에는 없거나희미하다. 왕눈물떼새도 번식깃에서 수컷의 주황색이 암컷에 비해 아주 진한 편이고, 이마와눈 주위의 검정색이 뚜렷하지만 암컷은 흑갈색이며 수컷에 비해 흐린 편이다. 흑꼬리도요는번식깃의 수컷이 몸 아랫면의 적갈색과 갈색 줄무늬가 암컷보다 더 진하고 뚜렷하다. 큰뒷부리도요도 번식깃의 수컷은 암컷에 비해 몸 아랫면의 적갈색이 더 뚜렷하다. 흑꼬리도요와 큰뒷부리도요 모두 암컷이 수컷보다 몸이 크고 부리가 더 길어서 번식깃에서 깃털의 특징과 함께 고려하면 암수를 구분할 수 있다.

일반적으로 도요물떼새류는 번식깃에서 수컷이 암컷보다 화려하지만 예외도 있다. 국내에서기록된 지느러미발도요류 3종과 호사도요, 흰눈썹물떼새는 암컷이 수컷보다 더 화려하다.

깃털갈이

조류의 깃털은 비행, 보온, 방수 등 생존을 위한 기본적이면서도 필수적인 기능을 한다. 따라서 깃털이 최적의 상태를 유지할 수 있도록 많은 시간을 깃털 손질에 투자한다. 깃털은 매일사용하기 때문에 시간이 경과하면서 조금씩 닳을 수밖에 없고, 햇볕과 염분에 의해서 탈색도된다. 결국 주기적으로 깃털을 교체해야 하며, 적어도 1년에 한 번은 교체한다. 낡은 깃털은 빠지고 그 자리에서 새로운 깃털이 자라며, 보통 날개깃은 1년에 한번, 몸깃은 1년에 2번 깃털갈이를 한다. 날개깃을 교체할 때는 비행능력에 문제가 생기기 때문에 장거리 이동을 하기 전이나 이동을 완료한 후 교체한다.

종이나 번식집단에 따라 깃털갈이 전략이 달라진다. 번식지에서 날개깃을 교체 완료한 후 이동하는 경우도 있지만, 부분적으로 교체한 후 비번식지로 이동해서 나머지 날개깃을 교체하는 경우도 있고, 깃털갈이 없이 비번식지로 이동 후 날개깃 전체를 교체하는 경우도 있다. 몸 깃은 주로 봄과 가을에 교체하는데 번식깃과 비번식깃이 주기적으로 바뀐다. 특히 우리나라와 같은 중간기착지에서 도요물떼새를 관찰할 때 100% 번식깃과 비번식깃도 관찰할 수 있지만 번식깃과 비번식깃의 중간형을 많이 볼 수 있다. 이런 중간형은 도요물떼새의 동정을 매우 어렵게 한다. 동일한 종이라도 번식깃 10%와 비번식깃 90%인 개체와 번식깃 90%와 비번식깃 10%인 개체는 무늬와 색에서 전혀 다른 종처럼 보인다.

또한 번식깃 100%인 개체도 번식지로 북상하는 봄의 깨끗한 깃과 번식이 끝난 후 비번식지로 이동하는 가을의 낡은 깃의 차이는 상당히 크다. 각각의 깃털을 세심하게 관찰하게 되면 깃털 가장자리가 닳았거나 무늬가 닳아서 사라진 것을 확인할 수 있다. 예를 들어서 봄의 어두운 밤색 깃털은 가을에 탈색되어 밝은 갈색 깃털로 보일 수 있다. 또한 봄에 깃털 가장자리에 있던 무늬는 가을에 닳아서 사라지고 단색으로 보일 수도 있다. 보통 어두운 색의 깃털은 밝은 색의 깃털에 비해 마모에 강한 편이며, 하나의 깃털에서도 일부분 밝은 무늬가 있으면 마모로 인해 밝은 부분이 더 빨리 사라진다. 이렇게 깃털갈이와 함께 깃털의 마모는 동정을 힘들게 하는 중요한 요소이며, 야외에서 도요물떼새를 관찰하며 동정할 때 늘 염두에 두어야 한다.

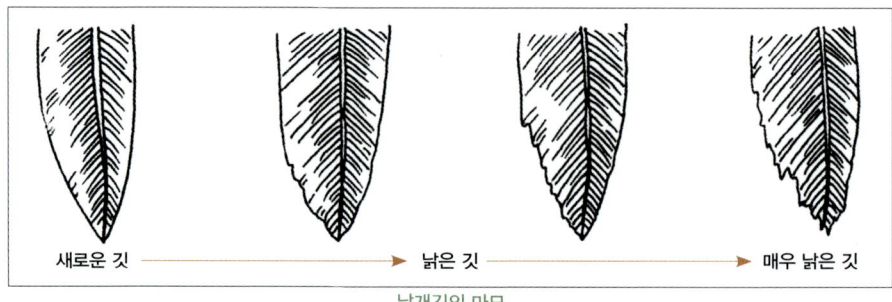

날개깃의 마모

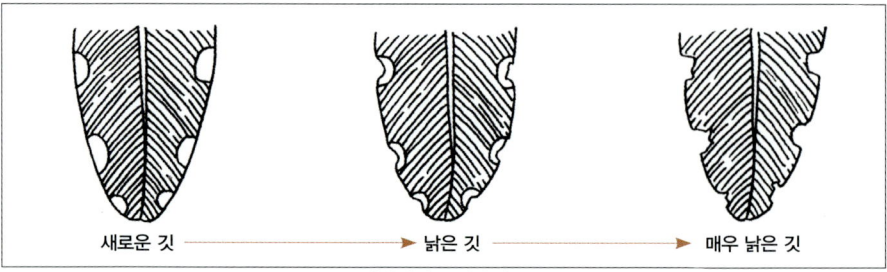

날개덮깃 무늬의 마모

도요물떼새 조사법

최근 도요물떼새에 대한 다양한 모니터링 프로그램이 진행되고 있으며, 점차 참여하는 사람과 단체가 늘어가는 추세다. 도요물떼새는 갯벌을 포함한 해안가 습지의 건강성을 보여주는 대표적인 지표종으로 모니터링의 중요성이 높다. 그렇다면 모니터링을 계획하고 현장에서 진행할 때 어떤 점을 고려해야할 지 단계별로 살펴보자. 가장 먼저 조사지역을 선정하고, 조사시기와 방법을 결정해야 한다.

조사지역

- 조사지역 정하기: 모니터링할 지역을 선정한다.

- 조사범위 정하기: 도요물떼새가 이동하는 범위를 고려해서 조사지역의 경계를 결정해야 하며, 수위에 따라 휴식 장소가 달라지고 이동하는 범위가 달라질 수 있기 때문에 동일 집단의 이동범위를 최대한 포함하도록 정한다. 만조 시 이용하는 염전, 논, 간척지 등 다양한 지역도 포함해야 한다. 담수습지를 좋아하는 종을 파악하기 위해 해안가와 인접한 담수습지도 포함시킬 수 있다. 특히 장기간의 모니터링을 위해서는 조사범위와 경계를 명확히 설정해 변화가 없도록 유지하는 것이 중요하며, 지도에 조사범위를 표기해 두는 것도 중요하다.

- 조사구역 나누기: 동일한 조사지역 내에서 여러 곳의 휴식장소가 있는 경우가 많기 때문에 사전답사와 현장조사 등을 진행하며 조사구역을 세분하는 것이 좋다. 만약 조사지역 내에 서식지의 유형에 차이가 있을 경우 구역을 나누는 것에 반영하는 것도 좋다. 도요물떼새들이 휴식이나 먹이를 얻기 위해 선호하는 장소를 파악할 수 있으며, 각 종별로도 차이를 보이는 경우가 많다.

- 지도 만들기: 모니터링할 때 현장 지도가 있으면 도움이 많이 된다. 자신의 위치를 확인하는 것은 물론 도요물떼새 집단의 위치를 기록하고 이동경로를 확인하기 위해 지도가 필요하다. 본격적인 모니터링을 시작하기 전에 미리 현장을 답사하고 조사구역을 세분한 후 지도에 구역을 표시해 조사할 때 늘 휴대하고 관찰내용을 표시한다.

조사시기

- 조사시기: 도요물떼새는 봄에 4월 중순에서 5월 중순까지 주로 통과하며, 가을에는 8월 중순부터 10월 중순 경에 대부분의 집단이 통과하기 때문에 이 시기에 조사하는 것이 좋다. 그러나 통과하는 도요물떼새가 대상이 아닌 번식 중인 종을 파악하려면 주로 5-7월에 조사해야 하고, 월동 중인 집단을 조사하려면 12월에서 2월 사이에 조사하는 것이 좋다.

- 조사빈도: 장기간 모니터링을 하기 위해서 한 계절에 몇 번의 조사가 필요 또는 가능한 지를 결정해야 한다. 조사에 참여하는 사람들의 규모와 숙련도, 모니터링의 목적에 따라 달라질 수 있다. 각 종에 따라 도래하는 시기에 차이가 있으며, 봄과 가을에 도래하는 양상에도 차이가 있다. 정확한 도래규모와 도래시기를 파악하기 위해서 조사횟수가 많으면 많을수록 좋지만 상황에 따라 적절한 수준에서 결정해야 한다.

- 만조시간과 수위: 도요물떼새는 밀물과 썰물에 따라 이동하므로 만조시간을 정확히 알아야 한다. 만조시간과 수위는 국립해양조사원 홈페이지(www.khoa.go.kr)의 조석예보에서 확인할 수 있다. 각 지역별 만조시간과 만조수위는 서로 다를 뿐 아니라 매일 변하기 때문에 조사일정을 정할 때 미리 확인해야 한다. 만조수위가 지나치게 낮을 경우 노출된 갯벌의 면적이 넓기 때문에 육상에서 관찰할 때 거리가 멀어서 자세히 관찰하기 어렵고, 만조수위가 지나치게 높을 때 갯벌이 완전히 잠겨서 도요물떼새를 관찰하기 어렵다. 도요물떼새는 장시간 헤엄을 칠 수 없기 때문에 갯벌이 물에 잠기면 적절한 휴식장소를 찾아 다른 곳으로 이동한다. 따라서 각 지역별로 만조수위에 따라 노출되는 갯벌의 면적을 알면 조사에 적합한 만조수위에 맞춰서 조사일정을 선택할 수 있다.

- 조사시간: 일반적으로 만조는 하루에 2번이 있지만 조사가 가능한 주간에는 1회만 있다. 만조수위를 고려해서 조사일자를 정하게 되면 만조시간을 중심으로 전후 2-3시간이 관찰 가능한 시간이다. 동일한 조사지역 내에서도 지형과 위치에 따라 물에 잠기는 시간이 조금씩 다르기 때문에 전체 지역의 물에 잠기는 순서를 파악하는 것이 중요하다. 담수습지에 도래하는 도요물떼새는 만조시간의 영향을 크게 받지 않기 때문에 만조시간에는 갯벌을 관찰하고 그 이외의 시간에는 담수습지를 관찰하는 것이 좋다.

조사방법

- **조사팀 구성**: 조사는 혼자 하는 것보다 여러 명이 함께 하는 것이 좋다. 도요물떼새의 동정에 경험이 있는 사람과 경험이 부족한 사람을 한 팀으로 구성하는 것이 좋다. 몇 시간 동안 한 자리에서 새를 관찰하고 개체수를 확인하면서 종의 동정과 개체수를 파악하는 방법에 대해 의견을 주고받고 이를 통해 서로의 경험을 공유할 수 있다.

- **조사표 만들기**: 지도를 만들고 조사구역을 나누는 것과 함께 조사표를 만드는 것은 모니터링에 참여하는 사람이 바뀌어도 동일한 방법으로 조사할 수 있도록 도와준다. 조사표는 필요에 따라 자유롭게 만들 수 있으니 특별히 정해진 양식은 없지만 조사상황을 이해하는데 도움이 될만한 몇 가지 내용은 포함되어야 한다. 조사지역, 조사구역, 조사자 이름, 조사일자, 조사시간, 조사 당일의 만조시간과 만조수위, 날씨, 서식지 유형, 서식 방해요인, 종별 개체수 등이 포함되면 좋다.

- **조사대상종**: 모니터링할 때 모든 종을 포함하는 것이 가장 좋겠지만 조사범위가 너무 크거나 참여하는 사람의 경험이 부족해 종 구분에 정확도가 낮을 경우 동정하기 쉬운 종으로 모니터링 종을 제한할 수 있다. 그러나 모니터링 대상종을 지나치게 희귀한 종으로 하는 것은 바람직하지 않다. 어쩌다 한 번씩 관찰되는 종을 통해 서식지의 변화를 파악하기는 어렵다. 또한 갯벌에서 함께 관찰할 수 있고 갯벌 생태계를 대표할 만한 혹부리오리, 저어새, 노랑부리백로, 검은머리갈매기 같은 종도 모니터링에 포함하는 것이 좋다.

- **중복 방지 방안**: 도요물떼새를 조사하며 겪는 가장 큰 어려움은 종과 개체수의 중복이다. 만조가 되면서 먹이를 찾거나 휴식을 취하는 도요물떼새 무리는 수위가 올라갈 때 물을 따라 계속 이동한다. 간조가 되면서 물이 빠져 나갈 때도 관찰에 좋은 시간이지만 계속해서 이동하는 도요물떼새를 중복 없이 개체수를 파악하기는 쉽지 않다. 조사구역이 여러 개일 경우 약속된 시간에 동시조사를 하거나 시간대에 따라 개체수를 여러 번 파악한 후 결과를 종합하면서 개체수를 조정해야 한다. 동일 지역에서 여러 명의 조사자가 조사할 경우 각각의 조사자가 조사할 종을 나누어 개체수를 파악해야 한다.

- **장비준비**: 도요물떼새는 수십 미터에서 수백 미터 거리에서 관찰하기 때문에 쌍안경보다 망원경이 필수다. 망원경은 20-60배 배율로 관찰할 수 있기 때문에 먼 거리의 새를 관찰하는데 유리하다. 단 망원경은 높은 배율로 인해 손으로 들고 보면 많이 흔들리니 삼각대를 사용해야 한다.

■ 도요물떼새류 보전

　우리나라가 속한 동아시아–대양주 철새 이동경로는 약 5,000만 개체 이상의 물새가 이용하는 주요 철새 이동경로인 동시에 전 세계 인구의 40%가 거주하는 지역으로, 철새와 사람의 이해 충돌이 빈번하게 발생한다. 또한 북미와 유럽에 비해 소득수준이 낮고 환경 및 생물다양성 보전에 대한 인식도 높지 않으며, 생존을 위해 자연 자원을 직접 활용하는 지역이 많다. 다양한 민족, 언어, 문화적 차이 역시 도요물떼새의 보전을 위한 국제협력을 어렵게 만드는 요인이 되고 있다. 따라서 이 지역은 북남미 철새 이동경로나 유럽–아프리카 철새 이동경로에 비해 장거리 이동 철새의 서식 환경이 가장 열악한 편이다. 특히 번식지인 극동 러시아나 미국의 알래스카, 비번식지인 호주의 서식환경은 큰 변화가 없는데도 도요물떼새 감소추세가 지속되고 있다. 이는 우리나라와 중국의 갯벌 매립과 연안습지의 감소가 가장 큰 요인으로 지목되고 있다.

　동아시아–대양주 철새 이동경로에 분포하는 넓적부리도요와 청다리도요사촌은 매우 심각한 멸종의 위기에 처해 있다. 넓적부리도요의 전 세계 집단은 140–480개체, 청다리도요사촌의 전 세계 집단은 400–600개체로 추정된다. 많은 사람들이 알고 있는 심각한 멸종위기종 황새의 전 세계 집단이 3,000개체, 두루미가 1,700개체로 추정된다는 점을 생각할 때 넓적부리도요와 청다리도요사촌이 처한 멸종의 심각성은 상상을 초월한다. 적절한 보호조치 없이 현재와 같은 추세가 계속된다면 넓적부리도요는 2020년에 멸종될 것으로 예측된다. 또한 국내에서

만경강 하구, 2011. 09. 08. ⓒ 오동필

흔히 관찰되는 알락꼬리마도요와 붉은어깨도요도 2010년 이후 IUCN의 적색목록(Redlist)에 멸종위기종으로 등재되었다. 멸종에 취약한 등급으로 등재된 붉은어깨도요를 비롯해 아직 멸종위기종에 등재되지 않은 붉은가슴도요와 큰뒷부리도요는 매년 5−9%의 속도로 집단이 감소하고 있다. 이 3종의 집단이 이런 속도로 감소한다면 2020년에는 1990년대에 비해 10−30%의 집단만 남을 것이다. 이런 예상은 앞으로 10−20년 뒤에 도요물떼새 중 많은 종이 멸종위기에 처할 것이란 점을 경고하고 있다.

갯벌은 다수의 도요물떼새류가 일시에 다량의 생물량을 확보할 수 있도록 해주는 지속가능성과 빠른 회복력을 지닌 환경으로, 다음 이동을 준비하기 위해 단기간에 많은 지방을 축적하려는 도요물떼새에게 필수적인 서식지다. 반면 갯벌의 매립과 함께 발생하는 연안습지의 감소는 먹이를 얻을 수 있는 공간을 감소시키는 것은 물론 만조 시에 사용할 수 있는 휴식지(roosting site)를 감소시켜 도요물떼새의 안정적인 중간기착을 방해한다. 따라서 도요물떼새를 위한 갯벌과 연안습지의 보호는 이들의 생존을 보장하는데 가장 필수적인 조건이다.

철새는 생태적으로 전체 또는 일부의 개체군이 정기적이고 예측 가능한 방식으로 장거리 이동을 하는 야생조류를 뜻한다. 도요물떼새는 이동성이 강한 철새로 여러 국가를 통과하게 되며, 그 과정에서 다양한 위험과 보전 수준에 노출된다. 도요물떼새들이 통과하는 전체 국가에서 동일한 수준의 보전이 이루어지지 않는다면, 한 국가의 서식지 소실과 위협에 의해서 전 지역에 출현하는 개체군의 생존이 위협받을 수 있으므로, 이동성 도요물떼새의 보전을 위해서는 국제적인 협력이 반드시 필요하다.

유부도. 2005. 08. 13. ⓒ 박형욱

한국의 도요물떼새

검은머리물떼새과
Haematopodidae

우리나라에는 1종이 기록되었다. 부리는 길고 딱딱하며, 부리 좌우가 눌린 듯이 납작하다. 날개는 길고 끝이 뾰족하며, 꼬리는 짧다. 다리는 길고 발가락 안쪽에 물갈퀴가 약하게 있으며, 발가락은 3개다. 암수는 같은 색이다. 무리를 이루어 생활하며, 비행능력이 좋고 직선으로 비행한다. 다양한 조개류와 갯지렁이류를 잡아먹는다. 둥지는 맨 땅이나 바위 위 움푹하게 들어간 곳에 만들며, 둥지 바닥에 풀, 이끼, 자갈 등을 깔아 놓는다. 알은 2–4개를 낳으며, 포란과 육추는 암수가 함께 한다. 새끼는 부화할 때 깃털로 덮여 있으며, 부화 직후부터 걸을 수 있다.

검은머리물떼새

멸종위기종 II급. 천연기념물 449호

Eurasian Oystercatcher

Haematopus ostralegus

L 45cm

서식 유럽, 캄차카반도, 동아시아 북부에서 번식하고, 아프리카, 중동, 남아시아, 중국 남부에서 월동한다. 1971년 6월 강화군 내가면 대송도에서 번식이 확인된 이후 서해의 여러 섬에서 번식이 확인되었으며, 겨울에는 금강 하구의 유부도에서 큰 집단이 월동한다.

행동 주 월동지는 서해의 군산과 서천 일대이며, 무리를 이루어 갯벌에서 월동한다. 번식기(4–7월)에는 서해안의 작은 섬들에서 관찰된다. 간조 시 물 빠진 갯벌이나 바위 주변을 배회하며 작은 게, 조개, 갯지렁이, 수서곤충 등을 먹는다. 둥지는 맨 땅이나 바위 위 오목한 곳에 나뭇가지나 마른 풀로 엉성하게 만든 후 갈색 바탕에 흑갈색 무늬가 있는 알을 3개 내외로 낳는다. 포란은 암수가 교대로 하며, 포란기간은 28–33일이다.

특징 암수가 같은 색이다. 머리, 가슴, 몸윗면은 흑색이다. 부리는 길며 적색이다. 날 때 날개윗면에 큰 백색 줄무늬가 있다. 다리는 분홍색이며, 발가락은 3개다. 어린새는 등과 날개깃 가장자리가 갈색이며, 부리 끝이 흑갈색이다.

어른새. 만경강 하구. 2011. 04. 24. ⓒ 채승훈

둥지. 강화도. 2010. 06. 10. ⓒ 박건석

새끼. 강화도. 2008. 07. 01. ⓒ 박건석

천수만, 2006. 06. 18. ⓒ 곽호경

강화도, 2006. 04. 10. ⓒ 박건석

강릉, 2008. 10. 26. ⓒ 박철우

어린새, 인천 송도, 2008. 06. 12. ⓒ 박헌우

만조 시 집단으로 휴식 중, 유부도, 2011. 12. 24. ⓒ 오동필

어린새에서 1회 겨울깃으로 변환. 금강 하구. 2008. 09. 07. ⓒ 채승훈

영흥도. 2012. 06. 28. ⓒ 박진영

짝짓기. 시화호. 2011. 03. 27. ⓒ 박철우

비번식깃, 유부도, 2006. 09. 10. ⓒ 채승훈

장다리물떼새과
Recurvirostridae

우리나라에는 2종이 기록되었다. 머리는 작고 목은 긴
편이다. 부리는 길고 가늘며 직선이거나 위로 휘어졌
다. 무리지어 생활한다. 잘 걸어 다닐 뿐 아니라 헤엄도
칠 수 있으며, 비행능력이 뛰어나다. 수서곤충, 연체동
물, 갑각류, 어류, 양서류, 파충류를 비롯해서 일부 식물
성 먹이도 섭취한다. 집단으로 번식하며, 모래나 진흙을
약간 오목하게 파서 둥지를 만든다. 둥지 바닥에 자갈이
나 식물을 깔아 놓거나 나뭇가지를 모아서 비교적 큰 둥
지를 만드는 경우도 있다. 알은 2~5개를 낳으며, 포란과
육추는 암수가 함께 한다. 새끼는 부화할 때 깃털로 덮
여 있으며, 부화 직후부터 걸을 수 있다.

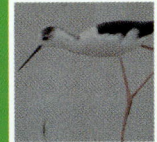

장다리물떼새

Black—winged Stilt

Himantopus himantopus

L 35cm

서식 유라시아대륙의 중남부, 아프리카, 인도, 호주, 북미 중부, 남아메리카에 분포한다. 물 고인 논, 하천, 해안 근처의 호수 등지를 통과하는 흔하지 않은 나그네새다. 1998년 이후 천수만의 농경지에서 번식이 확인되었고, 2003년 이후에는 영암호 간척지에서도 번식이 확인되었다.

행동 긴 다리로 얕은 물속을 거닐며 물고기, 곤충, 갑각류 등을 잡아먹는다. 가족군을 형성하며, 작은 무리를 이루어 행동하는 경우가 많다. 둥지는 논 중앙의 어린 벼줄기 사이에 벼 그루터기와 줄기를 이용해 둔덕모양으로 쌓아 올려 만들고, 어두운 색의 불규칙한 무늬가 있는 알을 4개 낳는다. 포란기간은 22~24일이며, 암수가 교대로 포란한다.

특징 다른 종과 혼동할 가능성이 없다. 부리는 흑색으로 가늘고 길며, 다리는 적색으로 매우 길다. 수컷의 몸윗면은 녹색 광택을 띠며, 암컷은 어두운 갈색이다. 날개는 흑색이다. 눈뒤와 뒷머리에 갈색 무늬가 있지만 개체에 따라 다르며, 일부 개체는 완전 백색을 띠는 경우도 있다.

수컷, 강릉, 2010. 04. 25. ⓒ 박철우

■ **어린새** 머리와 뒷목이 갈색이다. 몸윗면의 깃가장자리는 황갈색으로 비늘무늬를 이룬다. 다리는 엷은 분홍색이다. 부리는 흑색이며 아랫부리 기부가 분홍색이다. 둘째날개깃 끝과 첫째날개깃 안쪽 끝이 백색이다.

■ **미성숙 개체 수컷** 외형상 어미새와 같지만 자세히 관찰하면 몸윗면에 녹색과 갈색이 섞여 있는 경우가 있으며 날개깃 일부가 갈색이다. 날 때 둘째날개깃 끝과 첫째날개깃 안쪽 끝이 백색이다.

■ **미성숙 개체 암컷** 몸윗면은 균일한 갈색이며, 날개깃이 갈색으로 보인다. 둘째날개깃 끝과 첫째날개깃 안쪽 끝이 백색이다.

수컷. 천수만. 2010. 06. 21. ⓒ 권경숙

암컷. 천수만. 2010. 04. 15. ⓒ 권경숙

동지. 천수만. 2010. 06. 21. ⓒ 권경숙

수컷, 천수만, 2010. 04. 22. ⓒ 권경숙

수컷(왼쪽), 암컷(오른쪽), 천수만, 2010. 07. 08. ⓒ 권경숙

수컷, 무안, 2006. 05. 11. ⓒ 최순규

어린새. 강릉. 2009. 09. 30. ⓒ 박철우

어린새. 만경강 하구. 2008. 10. 03. ⓒ 채승훈

어린새. 강릉. 2010. 09. 20. ⓒ 박철우

어린새. 만경강 하구. 2008. 10. 21. ⓒ 채승훈

천수만. 2010. 04. 22. ⓒ 권경숙

당진. 2007. 05. 28. ⓒ 최순규

뒷부리장다리물떼새

Pied Avocet

Recurvirostra avosetta

L 43cm

서식 유럽, 지중해 연안, 중앙아시아, 아프리카 등지에 이르는 넓은 지역에서 국지적으로 번식하고, 유럽 남부, 아프리카, 인도 서부, 중국 남부에서 월동한다. 우리나라에는 희귀한 나그네새 또는 매우 드문 겨울철새로 찾아온다. 지금까지 낙동강 하구, 금강 하구, 서산 간월호, 목포, 제주도 등지에서 관찰기록이 있다.

행동 하구, 연안 하천, 호수 등에서 서식한다. 얕은 물속에서 부리를 수중에 담갔다 뺏다 하며 먹이를 걸러 먹거나, 물과 갯벌의 경계면에서 부리를 좌우로 훑어 작은 수서곤충을 잡아먹는다. 간혹 물 위에 떠서 먹이를 찾는 경우도 있다. 경계심이 강해 놀랐을 때 쉽게 날아오른다. 번식지에서는 집단번식하지만 우리나라에서는 1–2마리가 도래한다.

특징 부리는 가늘고 길며 끝 부분이 심하게 위로 휘어진 특이한 형태다. 전체적으로 백색과 흑색이 섞여 있어 우아한 분위기를 자아낸다.

천수만. 2010. 04. 23. ⓒ 권경숙

천수만. 2010. 04. 23. © 권경숙

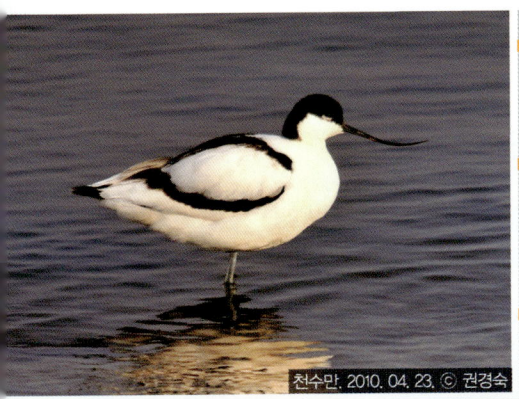

암컷 부리가 수컷보다 더 심하게 위로 굽었다. 부리기부와 눈 아래위의 눈테가 때 묻은 듯한 백색을 띠는 경향이 있다.

1회 겨울깃 어미새의 흑색 부분이 흑갈색으로 보인다. 특히 날개덮깃과 첫째날개깃이 흑갈색을 띠며 마모가 심하다. 눈 아래위에 있는 흐린 백색 눈테는 근거리에서 확인이 가능하다.

어린새 1회 겨울깃과 비슷하다. 머리를 포함해 몸윗면의 흑색 일부에 흑갈색 얼룩무늬가 있다.

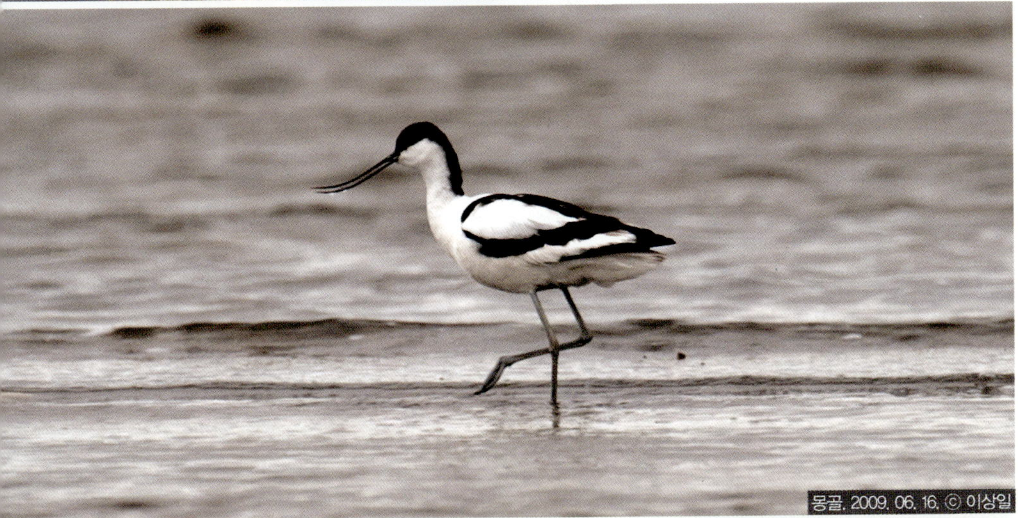

몽골. 2009. 06. 16. © 이상일

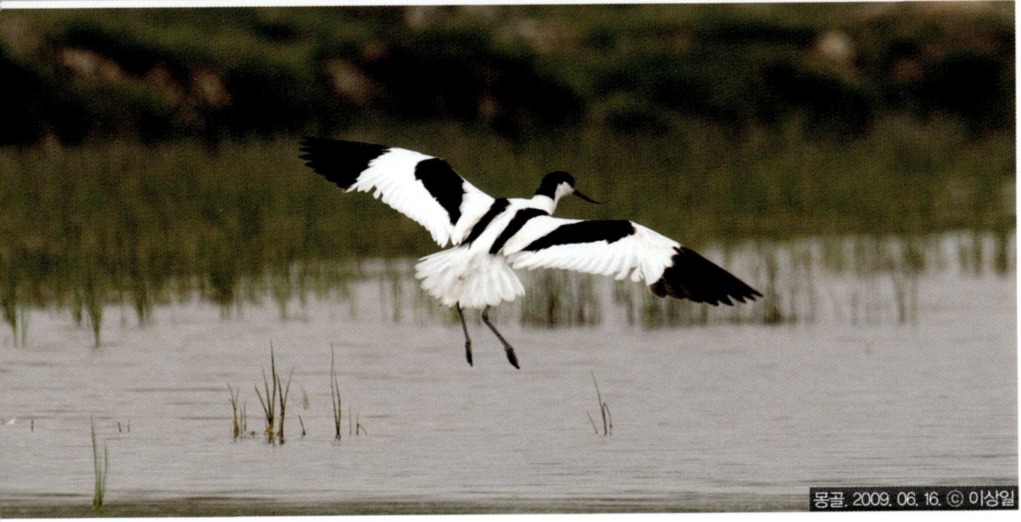

몽골. 2009. 06. 16. © 이상일

1회 겨울깃. 인천 송도. 2007. 12. 23. ⓒ 이상일

몽골. 2011. 06. 17. ⓒ 이상일

1회 겨울깃. 인천 송도. 2007. 12. 23. ⓒ 이상일

물떼새과
Charadriidae

우리나라에는 12종이 기록되었다. 물떼새류는 남극을 제외한 전 세계에 분포한다. 둥근 머리와 큰 눈, 짧고 뾰족하며 곧은 부리가 특징이며, 상당한 이동성을 보이는 경우가 많다. 몸윗면은 갈색, 황록색, 회색, 흑색, 백색이며, 머리와 목에 다양한 무늬와 줄무늬가 있다. 몸 아랫면은 주로 백색 바탕이며 가슴에 굵은 줄무늬가 있는 종이 많다. 일부 종은 댕기깃이 있거나 얼굴의 피부가 노출된 종도 있다. 날개는 길고 꼬리는 짧은 편이거나 보통이다. 부리는 길지 않고 직선이며, 다리는 짧은 종부터 긴 종까지 다양하다. 대부분의 종은 암수가 같은 색이지만 일부 종은 암수 간에 차이가 있다. 무리를 이루어 생활하며, 비행능력이 뛰어나다. 잘 걸어 다닐 뿐 아니라 빠르게 달릴 수 있다. 다양한 동물성 먹이를 주로 먹지만 일부 식물성 먹이도 먹는다. 둥지는 맨 땅에 만들며, 둥지 바닥에는 자갈이나 식물을 깔아놓는다. 알은 2–5개를 낳으며, 암수가 함께 포란과 육추한다. 새끼는 부화할 때 깃털로 덮여 있으며, 부화 직후부터 걸을 수 있다.

댕기물떼새

Northern Lapwing

Venellus vanellus

L 30cm

서식 유라시아대륙의 중위도 지역에서 번식하고, 유럽 남부, 아프리카 북부, 중국 남부, 일본, 우리나라에서 월동한다. 우리나라에서는 비교적 흔한 겨울철새다. 보통 작은 무리를 이루어 논, 저수지, 하천, 하구에서 월동한다.

행동 주로 곤충류와 갑각류를 먹는데 발로 지면을 쳐서 먹이를 유인해 밖으로 나오게 한 후 잡는 행동도 한다.

특징 머리는 흑갈색이며, 뒷머리에 흑색 깃이 길게 위로 치솟아 있다. 몸윗면은 녹색 광택이 난다. 날 때 첫째날개깃 가장자리와 허리가 백색이다. 수컷 번식깃의 턱밑은 흑색이며, 암컷 번식깃의 턱밑은 백색이다.

의왕. 2006. 03. 14. ⓒ 곽호경

백화 개체. 태화강. 2008. 11. 22. ⓒ 김화연

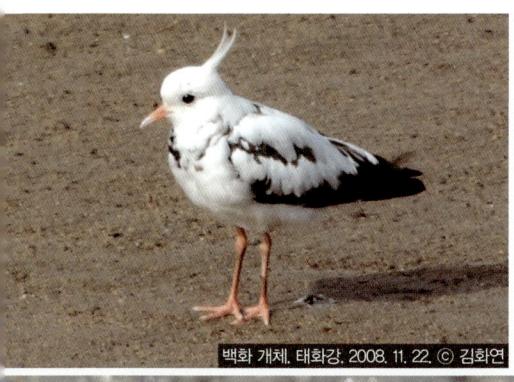

비번식깃 얼굴의 백색 부분에 갈색 기운이 있으며 멱이 백색으로 바뀐다. 날개덮깃에 폭 좁은 황갈색 무늬가 있다.

어린새 뒷머리에 돌출된 깃이 어미새보다 작다. 흑색 가슴깃 가장자리에 백색 무늬가 섞여 있다. 날개덮깃과 몸윗면의 깃가장자리에 황갈색 무늬가 있다.

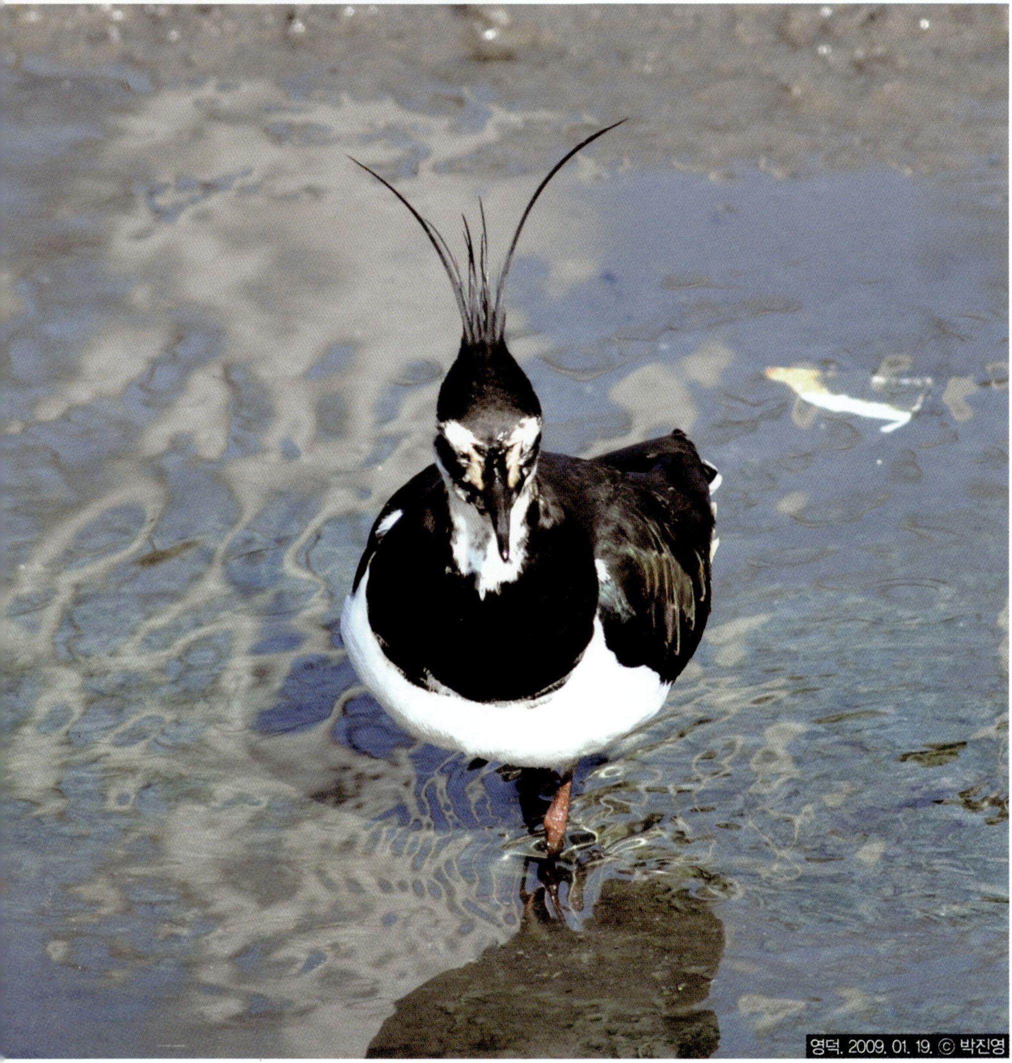
영덕. 2009. 01. 19. ⓒ 박진영

청초호, 2011. 01. 23. ⓒ 박진영

강릉, 2010. 02. 04. ⓒ 박철우

옥계. 2009. 01. 04. ⓒ 최순규

강화도. 2006. 03. 21. ⓒ 박건석

강릉. 2012. 03. 06. ⓒ 박진영

홍도. 2009. 12. 07. ⓒ 최창용

강릉. 2010. 02. 04. ⓒ 박철우

민댕기물떼새

Grey–headed Lapwing

Vanellus cinereus

L 36cm

서식 몽골 동부, 중국 동북부, 일본에서 번식하고, 중국 남부, 인도네시아 북부에서 월동한다. 일본 혼슈에서는 텃새로 서식한다. 우리나라에서는 이동시기에 서해안 일대의 논, 개울가의 풀숲에서 매우 희귀하게 관찰되며, 내륙 지역이나 동해안에도 도래한다.

행동 논, 습지의 풀밭에서 서식하며 곤충류, 지렁이를 즐겨 먹는다. 번식 후에는 적은 수가 무리를 이룬다.

특징 머리에서 목까지 청회색이며 가슴에 흑색 무늬가 있다. 몸윗면은 회갈색이며 배는 백색이다. 홍채는 적색이며 눈테는 황색이다. 부리는 황색이며 끝이 흑색이다. 날 때 첫째날개깃의 흑색과 둘째날개깃의 백색이 특징적으로 보인다. 꼬리는 백색이며 끝에 폭넓은 흑색 띠가 있다.

제주. 2004. 04. ⓒ 강창완

■ **비번식깃** 머리에서 목까지 엷은 색으로 변한다. 가슴의 흑색 반점이 번식깃보다 작다.

■ **어린새** 몸윗면의 깃가장자리가 흐린 갈색으로 비늘 무늬를 이룬다. 홍채는 어둡다. 가슴의 흑색 반점이 매우 흐리고 불명확하다.

천수만, 2010. 06. 24. ⓒ 권경숙

천수만, 2010. 06. 24. ⓒ 권경숙

천수만, 2010. 06. 24. ⓒ 권경숙

천수만, 2010. 06. 24. ⓒ 권경숙

번식깃에서 비번식깃으로 변환, 천수만, 2006. 08. 26. ⓒ 김신환

번식깃에서 비번식깃으로 변환, 천수만, 2006. 08. 30. ⓒ 곽호경

번식깃에서 비번식깃으로 변환. 천수만. 2006. 08. 27. ⓒ 김신환

번식깃에서 비번식깃으로 변환. 천수만. 2006. 08. 27. ⓒ 김신환

어린새. 강릉. 2009. 09. 29. ⓒ 임광완

어린새. 강릉. 2009. 09. 29. ⓒ 임광완

검은가슴물떼새

Pacific Golden Plover

Pluvialis fulva

L 24cm

서식 유라시아 북부, 알래스카 서부에서 번식하고, 인도, 동남아시아, 호주, 뉴기니에서 월동한다. 우리나라에서는 흔히 통과하는 나그네새다.

행동 논, 갯벌 등 해안가 습지에서 작은 무리를 이루며 갯지렁이나 유충을 잡아먹는다.

특징 셋째날개깃이 길어 첫째날개깃 2-3장만이 돌출되어 보인다. 날 때 겨드랑이와 날개아랫면은 회갈색으로 보인다.

번식깃, 강릉, 2006. 05. 04. ⓒ 최순규

번식깃에서 비번식깃으로 변환. 금강. 2008. 08. 24. © 채승훈

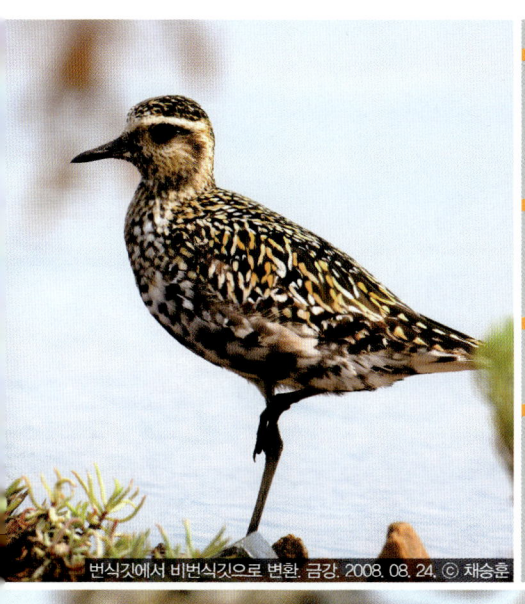

번식깃 몸윗면은 황갈색에 흑색과 백색 무늬가 섞여 있다. 몸아랫면은 흑색이다. 이마에서 눈썹선, 옆목을 따라 옆구리까지 백색이 이어진다. 아래꼬리덮깃에 흑색 얼룩이 있다.

비번식깃 얼굴은 흐린 황갈색이며, 몸윗면은 흑갈색에 황색과 백색 무늬가 있다. 몸아랫면은 다소 어두운 흑갈색을 띤다.

어린새 어미새 비번식깃과 비슷하지만 전체적으로 황갈색 무늬가 많다.

닮은종

- **개꿩** 몸윗면에 황색 반점이 없으며 백색 반점이 많다. 옆구리가 흑색이다. 날 때 날개의 백색 줄무늬가 보이며 허리의 백색이 명확히 보이고, 옆구리 위에 큰 흑색 반점이 있다.

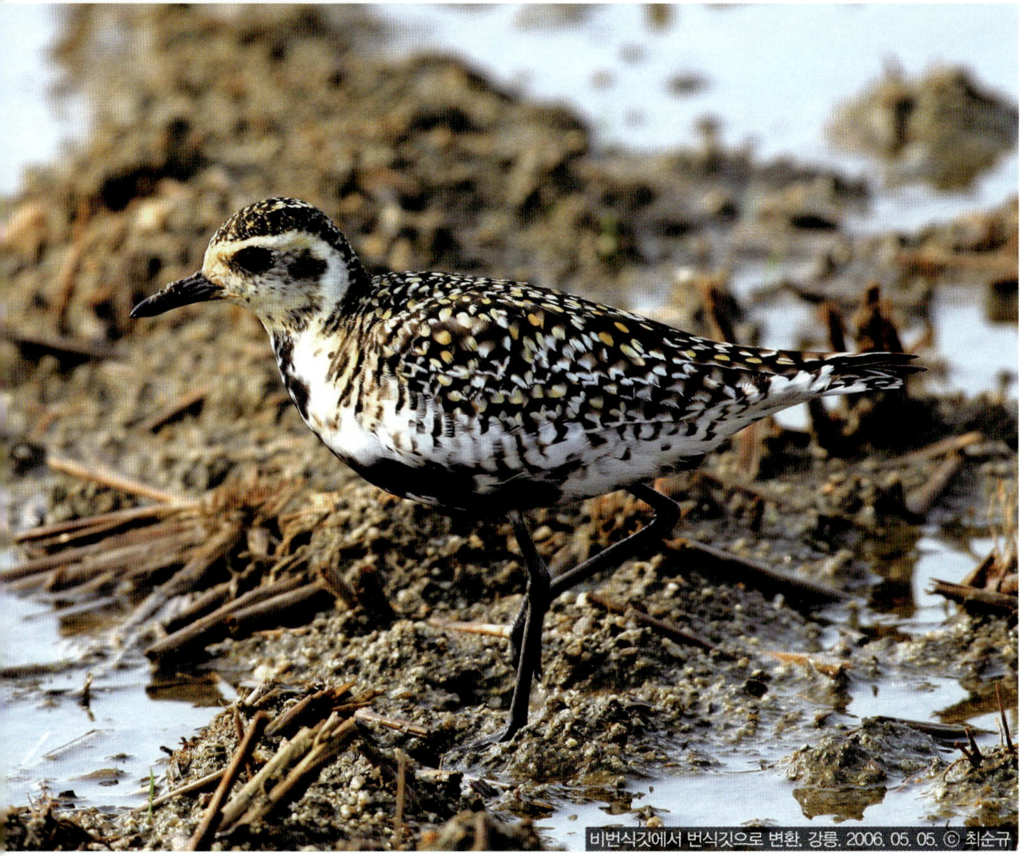
비번식깃에서 번식깃으로 변환. 강릉. 2006. 05. 05. © 최순규

어린새, 만경강 하구, 2010. 09. 26. ⓒ 채승훈

어린새, 청주, 2008. 10. 04. ⓒ 최순규

어린새. 강릉. 2010. 09. 05. ⓒ 박철우

어린새. 천수만. 2005. 10. 02. ⓒ 곽호경

비번식깃에서 번식깃으로 변환. 흑산도. 2007. 05. 04. ⓒ 남현영

비번식깃에서 번식깃으로 변환. 굴업도. 2011. 05. 15. ⓒ 임광완

비번식깃에서 번식깃으로 변환. 굴업도. 2011. 05. 15. ⓒ 임광완

개꿩

Grey Plover

Pluvialis squatarola

L 29.5cm

서식 유라시아 북부, 북미 북부에서 번식하고, 아프리카, 인도, 동남아시아, 호주, 남미 해안에서 월동한다. 우리나라에서는 봄·가을에 흔하게 통과하는 나그네새이며, 적은 수가 서남해안 갯벌과 하구에서 월동한다.

행동 주로 갯벌에서 작은 무리를 이루어 생활하거나 도요 무리에 섞여 먹이를 찾으며, 다른 물떼새류에 비해 움직임이 약간 느긋하다.

특징 검은가슴물떼새와 비슷하지만 몸윗면에 백색과 흑색 반점이 흩어져 있다. 부리가 크다. 가슴 옆 부분의 백색 반점이 비교적 넓다. 날 때 보이는 겨드랑이 위의 흑색 반점은 다른 닮은 종과 구별되는 특징이다.

번식깃. 서천. 2009. 05. 05. ⓒ 채승훈

번식깃(왼쪽)과 비번식깃(오른쪽). 강화도. 2006. 05. 03. ⓒ 박건석

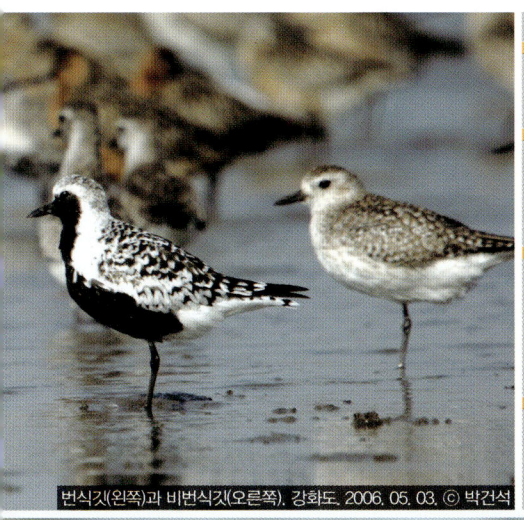

암컷 몸윗면에 갈색 기운이 약하게 있고, 몸아랫면의 흑색 부분에 백색이 불규칙하게 섞여 있다.

비번식깃 몸윗면은 전체적으로 옅은 흑갈색이며 백색 반점이 흩어져 있다(번식깃보다 백색 반점이 작다). 가슴에 가는 갈색 줄무늬가 있다.

어린새 어미새 비번식깃과 비슷하지만 몸윗면의 흑색과 백색 반점이 더 크고 명확하며 톱니모양처럼 보인다. 가슴과 옆구리에 가는 세로 줄무늬가 뚜렷하다.

닮은종

- **검은가슴물떼새** 몸윗면은 황갈색에 흑색 무늬가 있다. 허리가 황갈색이다.

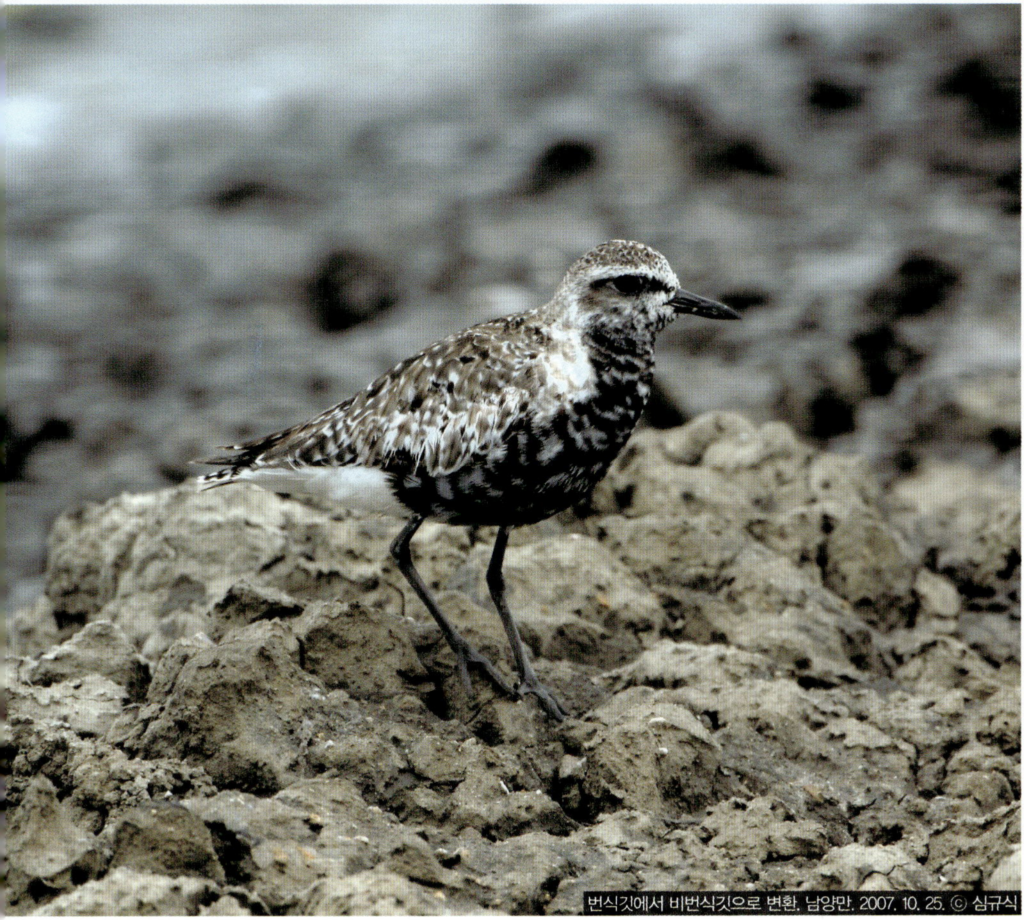
번식깃에서 비번식깃으로 변환. 남양만. 2007. 10. 25. ⓒ 심규식

번식깃에서 비번식깃으로 변환. 만경강 하구. 2009. 08. 22. ⓒ 오동필

어린새. 강릉. 2008. 09. 26. ⓒ 이상일

비번식깃. 서천. 2009. 05. 05. ⓒ 채승훈

어린새. 포항. 2010. 10. 03. ⓒ 박진영

어린새. 강화도. 2006. 10. 20. ⓒ 박건석

어린새. 남양만. 2007. 10. 25. ⓒ 심규식

어린새. 유부도. 2009. 09. 19. ⓒ 채승훈

흰죽지꼬마물떼새

Common Ringed Plover
Charadrius hiaticula

L 19cm

서식 꼬마물떼새 번식지보다 위쪽인 동부 캐나다, 그린란드, 유라시아대륙 북부의 툰드라에서 번식하고, 유럽, 아프리카, 서아시아에서 월동한다. 우리나라에서는 매우 드문 나그네새다.

행동 갯벌, 매립지, 염전 등 물가에서 먹이를 찾는다.

특징 부리가 뭉툭하고 매우 짧다. 부리기부는 주황색이며 끝은 흑색이다. 눈앞에서 뺨, 귀깃은 흑색, 다리는 주황색이며, 가슴에 폭넓은 흑색 줄무늬가 있다. 날 때 날개의 백색 줄무늬가 보인다. 눈테가 없거나 희미하게 보인다. 첫째날개깃이 셋째날개깃보다 길다.

비번식깃. 천수만. 2007. 04. 01. ⓒ 김신환

번식깃. 서천. 2007. 04. 03. ⓒ 채승훈

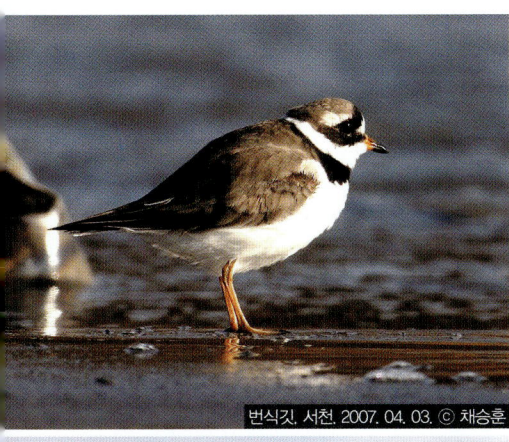

비번식깃 얼굴과 가슴의 흑색 부분이 약간 엷은 색으로 변한다. 가슴의 흑색 줄무늬는 중앙부에서 끊어지듯이 엷어진다. 부리는 완전히 흑색 또는 아랫부리기부에 엷은 주황색이 남아 있다. 다리 색은 약간 엷어진다.

어린새 부리가 뭉툭하고 짧다. 몸윗면에 비늘무늬가 있다.

닮은종

- **꼬마물떼새** 황색 눈테가 뚜렷하며, 부리가 가늘다. 날 때 날개의 백색 줄무늬가 없다.

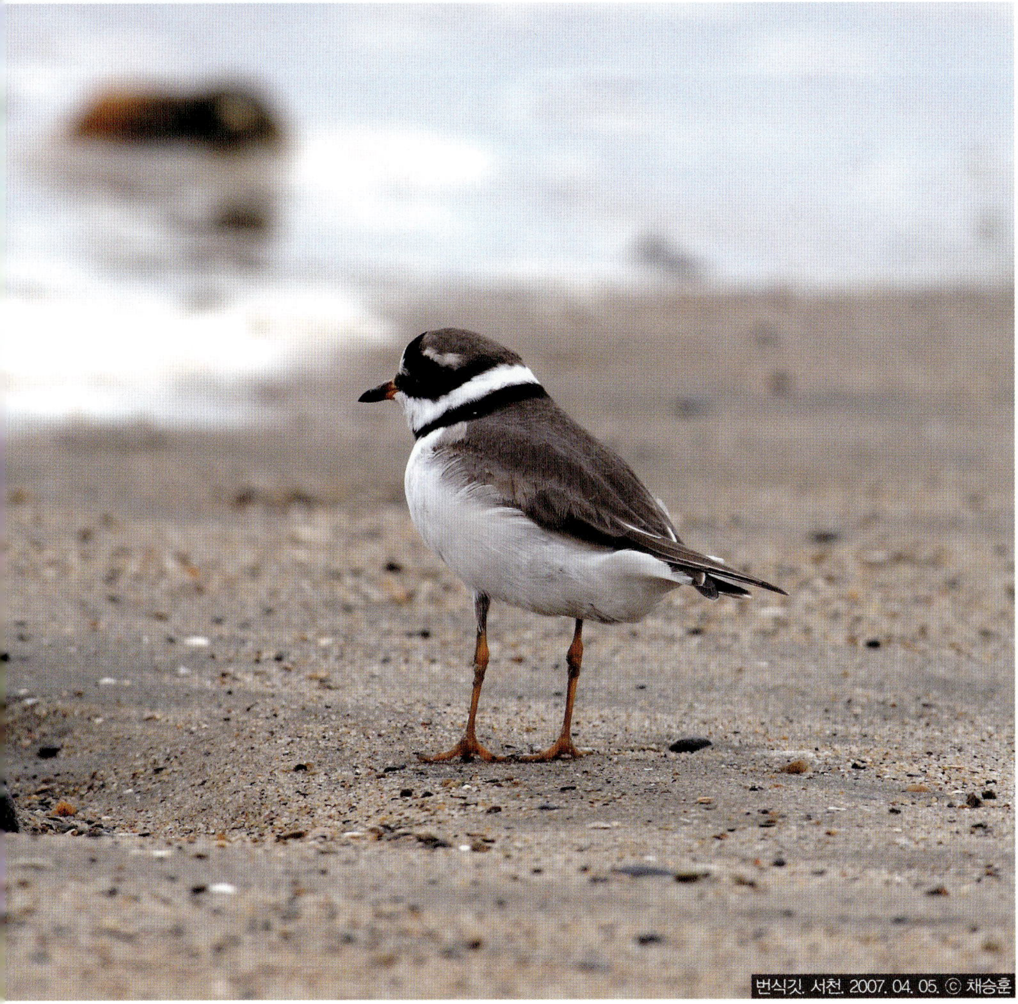
번식깃. 서천. 2007. 04. 05. ⓒ 채승훈

번식깃. 서천. 2007. 04. 07. ⓒ 곽호경

번식깃. 서천. 2007. 04. 07. ⓒ 곽호경

흰목물떼새

멸종위기종 II급

Long-billed Plover

Charadrius placidus

L 20.5cm

서식 우수리지방, 중국 동북부, 우리나라에서 번식하고, 중국 남부와 인도 북부에서 월동한다. 우리나라에서는 국지적으로 번식하는 텃새. 강가의 모래밭, 자갈밭에서 번식한다.

행동 꼬마물떼새와 비슷한 환경에서 서식하지만 자갈이 보다 많은 하천이나 강가에서 서식한다. 단독 또는 작은 무리를 이루는 경우가 있다. 둥지는 땅을 오목하게 파서 만들며 알을 4개 낳는다.

특징 꼬마물떼새와 비슷하지만 크기가 크며, 부리는 가늘고 길다. 아랫부리기부가 엷다. 눈테는 황색으로 매우 약하다. 눈앞의 흑색은 흰물떼새보다 흐리다. 머리 위, 귓것에 흑색 줄무늬가 있으며, 가슴의 흑색 줄무늬는 중앙부에서 약하다.

수컷. 원주. 2008. 01. 25. ⓒ 박철우

동지. 원주. 2006. 04. 08. ⓒ 박철우

■ **비번식깃** 번식깃과 비슷하다. 귀깃과 가슴의 흑색 무늬가 연한 색으로 변한다.

■ **어린새** 어미새 비번식깃과 비슷하지만 몸윗면에 비늘무늬가 있다. 꼬마물떼새보다 부리가 길고 가늘다.

■ **닮은종**
● **꼬마물떼새** 황색 눈테가 뚜렷하다. 부리가 짧다. 눈 앞과 눈뒤의 흑색이 진하다.

새끼. 원주. 2006. 04. 27. ⓒ 박철우

암컷. 원주. 2006. 04. 27. ⓒ 박철우

암컷. 원주. 2006. 04. 27. ⓒ 박철우

미성숙 개체, 원주, 2008. 01. 30. ⓒ 박철우

원주, 2008. 02. 15. ⓒ 박철우

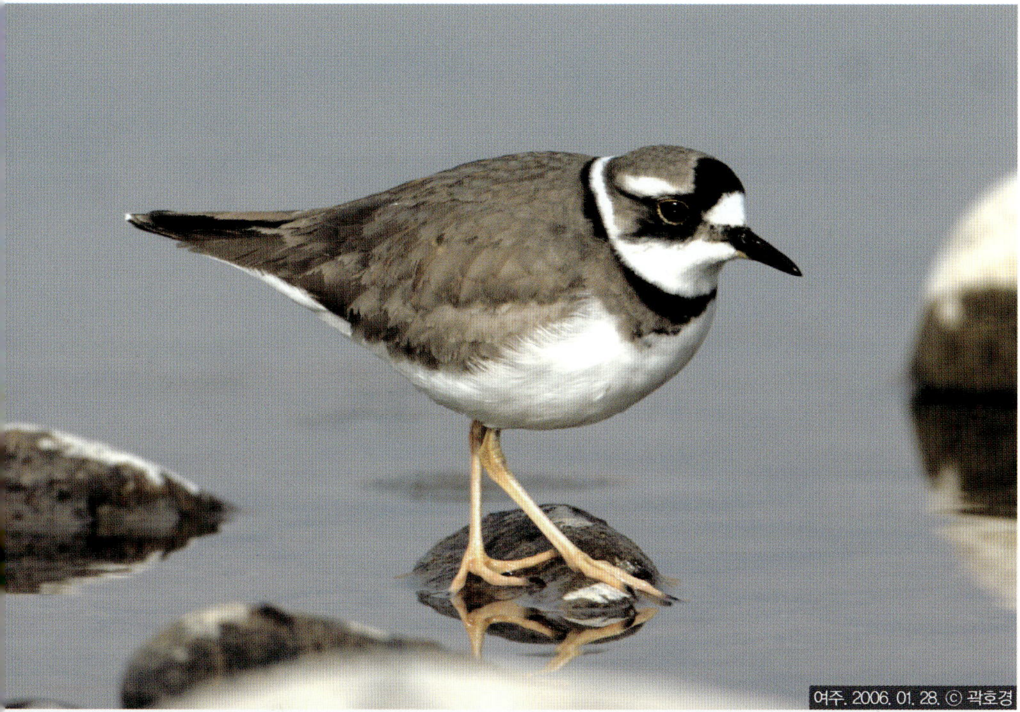
여주. 2006. 01. 28. © 곽호경

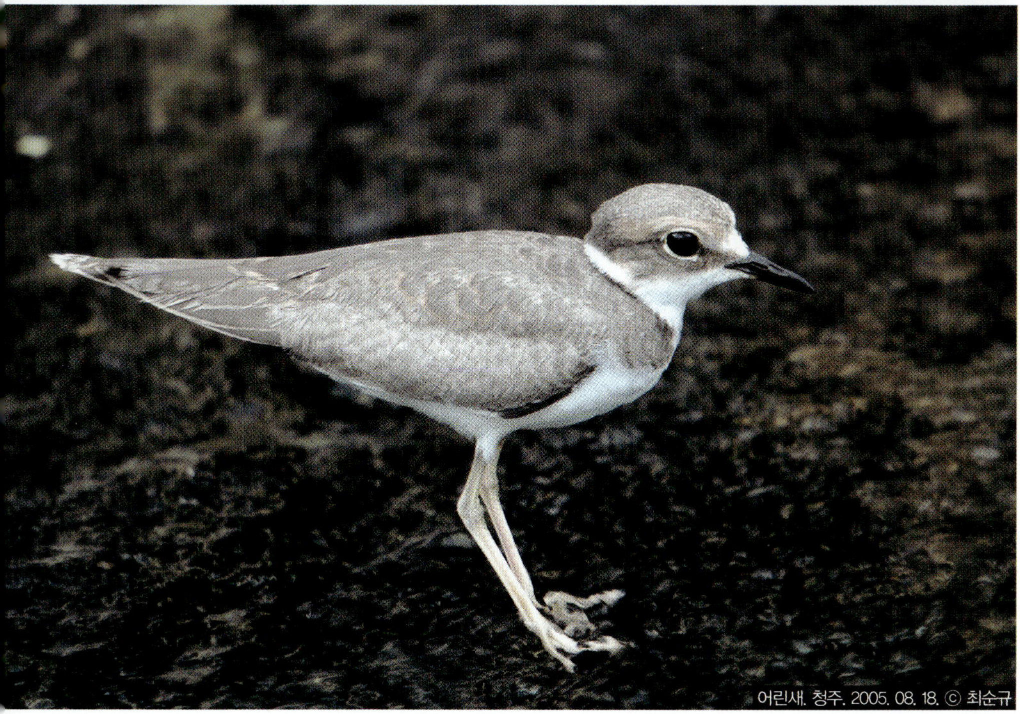
어린새. 청주. 2005. 08. 18. © 최순규

꼬마물떼새

Little Ringed Plover

Charadrius dubius

L 16cm

서식 북반부의 온대, 아한대, 한대, 열대와 뉴기니에서 번식하고, 아프리카, 인도, 동남아시아에서 월동한다. 우리나라에는 흔한 여름철새로 찾아온다.

행동 3월 중순에 찾아와 하천, 자갈밭, 매립지의 풀이 적고 모래와 자갈이 많은 곳에서 서식하며 주로 곤충을 먹는다. 종종걸음으로 빠르게 달려가다가 갑작스럽게 멈추고 먹이를 잡아먹는다. 둥지는 자갈밭에 만들고 알을 4개 낳으며, 포란기간은 24-25일이다. 둥지 근처에 침입자가 나타나면 날개를 늘어뜨리고 소리 지르며 다친 것처럼 의상행동을 한다.

특징 황색 눈테가 뚜렷해 다른 종과 구별된다. 부리는 흰목물떼새보다 짧으며, 아랫부리기부는 폭 좁은 주황색을 띤다. 눈앞, 머리 위, 귀깃, 가슴에 흑색 무늬가 있다.

강화도, 2005. 06. 24. ⓒ 박건석

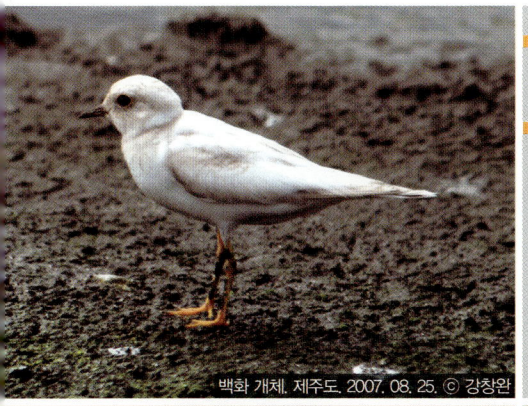

백화 개체. 제주도. 2007. 08. 25. ⓒ 강창완

비번식깃 황색 눈테가 뚜렷하게 보인다. 눈앞, 귀깃, 가슴의 흑색 무늬가 옅은 색으로 변한다.

어린새 어미새 비번식깃과 비슷하지만 몸윗면에 비늘무늬가 있다. 눈테는 어미새보다 옅은 황색이다. 머리는 등과 거의 같은 색으로 균일한 색이며 깃끝색이 옅다. 이마는 백색 바탕에 옅은 황갈색이 섞여 있으며 눈썹선은 거의 없는 듯하다. 아랫부리기부가 폭 좁은 주황색을 띠는 개체도 있다.

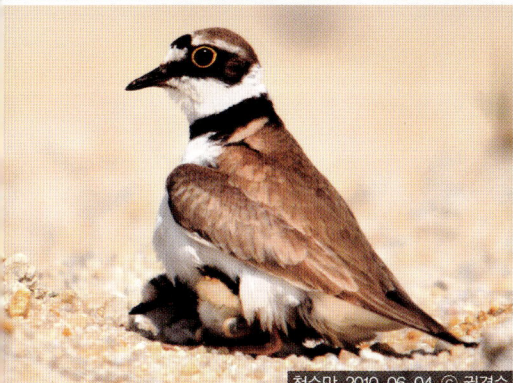

천수만. 2010. 06. 04. ⓒ 권경숙

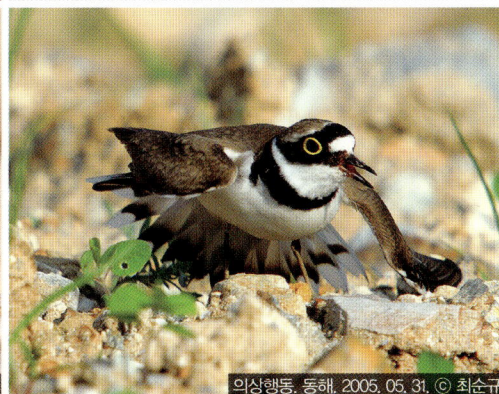

의상행동. 동해. 2005. 05. 31. ⓒ 최순규

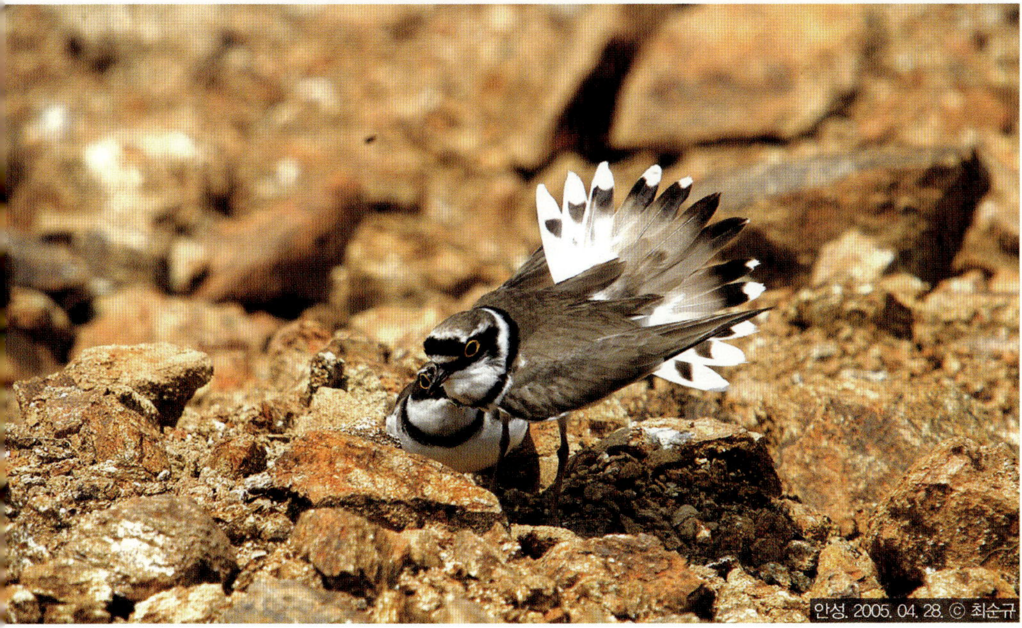

안성. 2005. 04. 28. ⓒ 최순규

강화도, 2005. 06. 13. ⓒ 박건석

강화도, 2006. 04. 20. ⓒ 박건석

새끼. 강화도. 2006. 06. 08. ⓒ 박건석

어린새. 김포. 2007. 06. 12. ⓒ 박건석

어린새. 강릉. 2010. 08. 12. ⓒ 박철우

어린새. 강릉. 2010. 08. 13. ⓒ 박철우

둥지. 원주. 2009. 04. 30. ⓒ 박철우

만경강 하구, 2009. 06. 01. ⓒ 오동필

완도, 2012. 04. 12. ⓒ 박진영

짝짓기, 시화호, 2011. 05. 07. ⓒ 임광완

홍도, 2009. 04. 07. ⓒ 최창용

흰물떼새

Kentish Plover

Charadrius alexandrinus

L 17.5cm

서식 북반부의 온대지역에서 번식하고, 겨울에는 남쪽으로 이동한다. 우리나라에서는 흔한 나그네새이며, 일부 집단은 염전 주변의 모래밭, 자갈이 있는 휴경지, 해안가 사구, 하구에서 번식하고, 일부는 월동한다.

행동 염전, 간조 시 갯벌, 바닷가의 모래밭 등지에서 서식한다. 매우 빨리 뛰어가다가 갑자기 멈추어 무척추동물을 잡아먹고, 다시 재빨리 달려가 먹이를 잡는 행동을 반복한다. 둥지는 모래땅을 오목하게 파고 알 3개를 낳아 암수가 교대로 포란한다. 알에는 엷은 갈색에 흑색 무늬가 있다.

특징 머리 위는 적갈색이며 이마 위에 흑색 무늬가 있다. 머리 위 적갈색의 밝기는 개체 또는 계절에 따라 차이가 심하다. 윗가슴옆의 흑색 무늬는 앞가슴까지 연결되지 않는다. 흑색 눈선은 다른 종보다 폭이 좁다. 다리는 분홍빛이 도는 흑색이다.

수컷, 제주도, 2004. 01. 30. ⓒ 최창용

둥지. 제주도. 2008. 04. 10. ⓒ 박진영

■■ **암컷** 앞이마에 흑색 무늬가 없거나 매우 엷으며 눈선은 갈색이다. 머리 위에 적갈색 기운이 없고 단지 갈색을 띤다. 가슴옆의 줄무늬도 갈색이다.

■■ **비번식깃** 암컷과 비슷하게 정수리에 적갈색이 없으며 몸윗면은 균일한 회갈색이다. 깃털갈이 직후에는 몸윗면 깃 가장자리의 색은 엷다.

■■ **어린새** 머리를 포함해 몸윗면의 깃가장자리가 엷은 색으로 비늘무늬를 이룬다. 가슴옆의 갈색 줄무늬가 매우 짧다.

암컷. 천수만. 2010. 02. 07. ⓒ 박철우

2007. 08. 15. ⓒ 임광완

천수만. 2010. 09. 24. ⓒ 권경숙

어린새. 천수만. 2011. 08. 03. ⓒ 권경숙

어린새, 천수만, 2011. 08. 03. ⓒ 권경숙

111

어미새 낡은깃. 천수만. 2011. 08. 03. ⓒ 권경숙

새끼. 천수만. 2011. 08. 03. ⓒ 권경숙

짝짓기. 무안. 2009. 05. 13. ⓒ 박형욱

만경강 하구. 2010. 09. 26. ⓒ 채승훈

1회 겨울깃. 삼천포. 2010. 11. 17. ⓒ 최순규

왕눈물떼새

Lesser Sand Plover

Charadrius mongolus

L 19.5cm

서식 파미르, 티베트, 캄차카, 추코트반도에서 번식하고, 아프리카 동부, 인도, 동남아시아, 뉴질랜드, 호주에서 월동한다. 우리나라에서는 비교적 흔하게 통과하는 나그네새다.

행동 해안의 갯벌, 염전, 하구, 사구 등지에서 서식하며 갯지렁이를 주로 먹는다. 흰물떼새 무리에 섞이는 경우도 많으며, 작은 무리를 이룬다.

특징 큰왕눈물떼새와 매우 비슷하다. 부리는 흑색으로 짧다. 다리는 어두운 녹색이다.

수컷 번식깃, 남양만. 2008. 04. 10. ⓒ 이우만

수컷 번식깃, 흑산도, 2009. 05. 02. ⓒ 박철우

수컷 번식깃, 강릉, 2010. 08. 12. ⓒ 박철우

■ **수컷 번식깃** 이마 위, 눈선, 귀깃이 흑색이다. 머리는 흑색이 있는 주황색이며 뒷목은 주황색이다. 이마, 턱밑, 멱이 백색이다. 가슴의 주황색 무늬는 가슴옆까지 이어지며 백색 멱과 만나는 지점에 가는 흑색 띠가 있다.

■ **암컷 번식깃** 귀깃이 수컷과 달리 옅은 흑색 또는 갈색이다. 가슴의 주황색이 옅고 폭이 좁다. 앞이마의 흑색 폭이 좁다.

■ **비번식깃** 전체적으로 주황색 기운이 없어지며 얼굴의 흑색 무늬는 갈색으로 약해진다. 흰물떼새 암컷과 비슷하지만 뒷목에 백색이 없다.

■ **어린새** 어미새 비번식깃과 비슷하지만 몸윗면에 약한 비늘무늬가 있으며 가슴과 얼굴에 황갈색 기운이 있다.

■ **닮은종**
● **큰왕눈물떼새** 몸이 크며 부리가 길다. 목이 길다. 다리가 길어 날 때 꼬리 뒤로 돌출된다. 다리색이 옅다.
● **흰물떼새** 몸이 작고 부리가 가늘다. 뒷목이 백색이다.

수컷 번식깃, 강화도, 2009. 05. 08. ⓒ 박건석

수컷 번식깃. 남양만. 2010. 05. 02. ⓒ 최순규

암컷 번식깃. 제주도. 2008. 04. 10. ⓒ 박진영

어린새. 강릉. 2010. 08. 29. ⓒ 박철우

어린새. 강릉. 2010. 09. 05. ⓒ 박철우

1회 겨울깃. 강릉. 2010. 08. 29. ⓒ 박철우

번식깃에서 비번식깃으로 변환. 울릉도. 2012. 07. 25. ⓒ 박진영

어린새. 영덕. 2005. 09. 09. ⓒ 최순규

비번식깃. 삼천포. 2010. 11. 17. ⓒ 최순규

1회 겨울깃. 대흥동. 2009. 09. 12. ⓒ 채승훈

1회 겨울깃. 만경강 하구. 2010. 09. 26. ⓒ 채승훈

비번식깃에서 번식깃으로 변환. 흑산도. 2011. 05. 01. ⓒ 박진영

큰왕눈물떼새

Greater Sand Plover

Charadrius leschenaultii

L 21.5cm

서식 투르크메니스탄, 중앙아시아에서 번식하고, 아프리카 동부 해안, 인도, 동남아시아, 뉴기니, 호주에서 월동한다. 우리나라에는 희귀하게 도래하며, 주로 왕눈물떼새 무리에 섞여서 관찰된다.

행동 해안사구, 하구, 삼각주 등지에서 서식하며, 작은 게, 지렁이, 곤충류 등을 먹는다.

특징 왕눈물떼새와 비슷하지만, 부리와 다리가 길다. 다리는 옅다. 이마 위, 눈앞, 귀깃이 흑색이며, 암컷은 수컷보다 흑색이 옅다. 뒷목에서 앞가슴까지 주황색이며, 주황색은 가슴옆까지 다다르지 않는다.

수컷 번식깃, 어청도, 2010. 05. 02. ⓒ 채승훈

어린새. 강릉. 2010. 08. 16. ⓒ 박철우

비번식깃 머리와 가슴의 주황색이 갈색으로 변한다. 다리와 부리가 긴 것으로 왕눈물떼새와 구별된다.

어린새 어미새 비번식깃과 비슷하다. 몸윗면의 깃 가장자리가 황갈색으로 비늘무늬가 있으며, 왕눈물떼새보다 뚜렷하게 보인다.

닮은종
● 왕눈물떼새 가슴의 주황색이 가슴옆까지 다다른다. 부리, 목, 다리가 짧다. 다리가 흑색으로 보인다.

어린새. 강릉. 2010. 08. 16. ⓒ 박철우

비번식깃. 흑산도. 2011. 05. 14. ⓒ 채승훈

어린새. 낙동강 하구. 2006. 09. 02. ⓒ 김범수

어린새. 제주도. 2012. 09. 06. ⓒ 박진영

어린새. 제주도. 2012. 09. 06. ⓒ 박진영

어린새. 강릉. 2010. 08. 16. ⓒ 박철우

어린새, 강릉. 2010. 08. 16. ⓒ 박철우

큰물떼새

Oriental Plover

Charadrius veredus

L 25cm

서식 시베리아, 몽골, 중국 북부의 한정된 지역에서 번식한다. 우리나라에서는 매우 희귀하게 통과하며, 주로 제주도, 서해안과 도서지역에서 관찰된다.

행동 건조한 환경을 선호해 매립지, 초지 등에서 서식한다. 한곳을 응시하고 있다가 급히 달려가 먹이인 곤충류, 갑각류를 잡는다.

특징 다리와 목이 길다. 성별 및 연령에 관계없이 날 때 보이는 날개아랫면 전체가 회갈색이다. 번식깃은 다른 종과 혼동할 가능성이 없다.

수컷 번식깃. 천수만. 2012. 03. 14. ⓒ 최순규

■ **수컷** 정수리에서 뒷목까지 회갈색이며 이마, 얼굴, 멱, 옆목은 백색이다. 가슴의 주황색 밑에 폭넓은 흑색 띠가 있다. 다리는 살색 및 주황색이며 길다.

■ **암컷** 얼굴과 가슴이 전체적으로 주황색이다. 가슴에 흑색 띠가 없다.

■ **비번식깃** 얼굴 주변과 귀깃이 갈색이다. 가슴의 주황색이 없어지고 옅은 황갈색으로 바뀐다.

■ **어린새** 어미새 비번식깃과 비슷하지만 몸윗면의 깃 가장자리가 황갈색으로 비늘무늬가 있다. 가슴의 황갈색 기운이 어미새 비번식깃보다 약하다. 다리는 살색 및 주황색이며 길다.

수컷 번식깃, 천수만, 2012. 03. 14. ⓒ 최순규

수컷 번식깃, 외연도, 2010. 04. 09. ⓒ 곽호경

수컷 번식깃. 외연도. 2010. 04. 09. ⓒ 채승훈

암컷. 홍도, 2010. 04. 05. ⓒ 최창용

수컷. 비번식깃에서 번식깃으로 변환. 천수만. 2012. 03. 14. ⓒ 최순규

암컷, 외연도, 2010. 04. 09. ⓒ 채승훈

암컷, 외연도, 2010. 04. 09. ⓒ 곽호경

암컷, 제주도, 2006. 04. 17. ⓒ 곽호경

흰눈썹물떼새

Eurasian Dotterel

Charadrius morinellus

L 20–22cm

서식 유라시아대륙의 고위도와 중위도 지역에 폭 넓게 번식하며, 겨울에는 모로코에서 이란에 이르는 좁은 지역에서 월동한다. 우리나라에서는 천수만에서 1회의 기록(2005년 9월 30일)만 있는 길잃은새다.

행동 툰드라지역에서 번식하며, 비번식기에는 건조한 환경을 선호해 매립지, 초지 등에서 서식한다.

특징 부리는 흑색이고 다리는 황색이다. 성별 및 연령에 관계없이 눈썹선이 뚜렷하고 굵으며, 번식깃은 다른 종과 혼동할 가능성이 없다.

어린새. 천수만. 2005. 10. 01. ⓒ 김신환

어린새. 천수만. 2005. 10. 01. ⓒ 김신환

■ **수컷** 암컷과 비슷하지만, 머리 윗부분과 배의 흑색이 암컷보다 흐리고, 가슴이 암컷에 비해 갈색을 띤다.

■ **암컷** 머리 윗부분은 흑색이며, 백색 눈썹선과 멱이 뚜렷하다. 회갈색 가슴, 주황색 배와 옆구리를 구분하는 뚜렷한 백색 선이 있다. 배의 중앙부는 흑색이며, 몸윗면은 암갈색에 황갈색 깃가장자리가 뚜렷하다.

■ **비번식깃** 머리 윗부분과 배의 흑색, 배의 주황색이 없어지며, 몸은 전체적으로 황갈색으로 바뀐다.

■ **어린새** 어미새 비번식깃과 비슷하지만 몸윗면의 깃가장자리가 황갈색으로 비늘무늬가 있다.

어린새. 천수만. 2005. 10. 02. ⓒ 곽호경

어린새, 천수만, 2005. 10. 02. ⓒ 곽호경

어린새, 천수만, 2005. 10. 02. ⓒ 김신환

어린새, 천수만, 2005. 10. 02. ⓒ 곽호경

우리나라에는 1종이 기록되었다. 몸은 갈색, 회갈색, 회색, 흑색이 섞여 있으며, 위장색이 잘 발달되었다. 부리는 길고 아래로 약간 휘었으며, 부리 끝이 약간 두툼한 편이다. 날개는 넓고 꼬리는 짧다. 다리는 다소 긴 편이며, 발가락도 길다. 수컷은 암컷보다 작은 편이며, 색과 무늬도 흐리다. 단독 또는 한 쌍으로 생활하며, 조심성이 많은 편이다. 놀라서 날아올랐을 때 짧은 거리를 비행한 후 내려앉는다. 곤충, 연체동물, 지렁이, 풀씨 등을 먹는다. 둥지는 맨 땅에 만들지만 주변이 식물로 둘러싸여 위장이 잘 되는 곳을 선택하며, 일처다부제로 번식한다. 알은 2–5개를 낳으며, 포란과 육추는 수컷이 전담한다. 새끼는 부화할 때 깃털로 덮여 있으며, 부화 직후부터 걸을 수 있다.

호사도요

천연기념물 449호

Greater Painted Snipe

Rostratula benghalensis

L 23.5~26cm

서식 인도에서 동남아시아, 중국, 아프리카, 호주에 분포한다. 우리나라에는 드문 나그네새로 알려졌으나 최근 천수만, 목포, 제주도 등지에서 번식이 확인되었고, 겨울에 월동하는 사례도 증가하고 있어 도래현황이 흔하지 않은 텃새로 변경되었다.

행동 습지, 휴경지, 하천 등지에 서식한다. 비번식기에는 작은 무리를 이루는 경우가 많다. 일처다부제로 번식한다. 암컷이 수컷에게 접근해 구애행동을 하며 알을 3~4개 낳은 후 수컷을 떠나 또 다른 수컷에게 구애한다. 수컷은 19일 동안 포란하고 홀로 새끼를 키운다. 주로 아침저녁으로 먹이를 찾아 활동한다. 먹이는 갑각류, 조개류, 유충, 지렁이 등이다.

특징 다른 종과 혼동할 가능성이 없다. 통통한 체형이며, 부리가 길고 다리가 짧다. 암컷이 수컷보다 화려하다. 긴 부리는 엷은 홍색이고 끝이 아래로 약간 굽었다. 가슴에서 어깨까지 긴 백색 띠가 있다.

암컷, 고창, 2010. 03. 30. ⓒ 오동필

수컷 머리중앙선과 눈테 그리고 눈뒤쪽으로 엷은 황색 줄무늬가 있다. 얼굴에서 가슴까지 회갈색이다. 몸윗면은 흐린 흑갈색에 백색과 흑색 무늬가 흩어져 있으며, 날개깃과 날개덮깃은 흐린 회갈색에 둥근 백색 또는 엷은 황갈색 무늬가 흩어져 있다. 배는 백색이며 가슴과 가슴옆에 흑갈색 띠가 있다.

암컷 머리중앙선이 엷은 황색이다. 몸윗면은 어두운 녹갈색이다. 눈테와 그 뒤쪽이 백색이다. 얼굴에서 윗가슴까지 적갈색이며, 아랫가슴은 흑갈색이다.

어린새. 고창. 2009. 12. 25. ⓒ 오동필

암컷(왼쪽), 수컷(오른쪽). 고창. 2010. 04. 11. ⓒ 오동필

암컷. 고창. 2010. 03. 30. ⓒ 임광완

수컷, 고창, 2010. 03. 30. ⓒ 임광완

암컷, 고창, 2010. 03. 30. ⓒ 임광완

수컷(앞), 암컷(뒤). 고창. 2010. 03. 30. ⓒ 임광완

암컷. 고창. 2010. 03. 30. ⓒ 임광완

암컷. 고창. 2010. 03. 30. ⓒ 임광완

비번식깃, 고창, 2010. 02. 24. ⓒ 최순규

암컷, 고창, 2010. 02. 24. ⓒ 최순규

수컷, 고창, 2010. 02. 24. ⓒ 최순규

물꿩과
Jacanidae

우리나라에는 1종이 기록되었다. 부리는 중간 정도의 길이며, 직선이다. 날개는 넓은 편이며, 천천히 비행한다. 물꿩과의 종은 대부분 꼬리가 짧지만 한국에 분포하는 물꿩 종은 꼬리가 매우 길다. 다리도 길지만, 발가락은 무척 길다. 암수의 색깔은 같으며, 암컷이 수컷보다 크다. 물꿩과의 종은 대부분 열대 또는 아열대 지역의 수생식물이 많은 연못과 하천에 서식하며, 대부분 이동성이 없지만 물꿩은 장거리 이동을 한다. 일부 종은 비번식기에 무리를 이루지만 번식기에는 한 쌍을 이루어 생활한다. 수초나 수생식물을 밟고 잘 걸어 다니며 헤엄도 칠 수 있다. 위험을 느끼면 잠수해 회피하기도 한다. 곤충, 달팽이, 어류, 수생식물의 씨앗 등 다양한 동식물을 먹는다. 주로 부유성 식물 위에 수생식물을 쌓아서 둥지를 만든다. 알은 3~6개를 낳으며, 포란과 육추는 수컷 단독 또는 암수 공동으로 한다. 새끼는 부화할 때 깃털로 덮여 있으며, 부화 직후부터 걸을 수 있다.

물꿩

Pheasant-tailed Jacana

Hydrophasianus chirurgus

L 39~58cm

서식 인도에서 동남아시아, 중국 남부, 대만에 분포한다. 우리나라에서는 1993년 7월 주남저수지에서 처음 확인된 이후 천수만, 주남저수지, 우포늪, 제주도, 신안군 압해도 등지에서 관찰되었다. 과거에는 길잃은새로 인식되었으나 최근 제주도, 주남저수지, 우포늪에서 번식해 드물게 도래하는 여름철새로 확인되었으며, 드물게 겨울에 관찰된 기록도 있다.

행동 호수, 늪, 저수지, 논에서 서식한다. 월동지에서는 무리를 이루는 경우가 많지만 우리나라에는 대부분 1마리씩 찾아온다. 경계심이 비교적 적은 편이고, 수생식물의 줄기 위를 걸어 다니면서 수초의 줄기와 잎에 붙어 있는 곤충류와 다양한 무척추동물을 먹는다.

특징 암수의 색깔이 같으며, 암컷이 수컷보다 크다. 번식깃은 꼬리깃이 유난히 길지만 겨울에는 짧다. 발가락이 유난히 길다. 날개깃은 백색이며, 첫째날개깃의 바깥쪽 끝은 흑색이다. 머리, 멱, 옆목은 백색이며 뒷목은 황색이다.

주남저수지. 2007. 08. 09. ⓒ 이상일

■ **비번식깃** 정수리, 뒷목 중앙부, 몸윗면은 균일한 갈색이다. 백색 또는 엷은 황갈색인 눈썹선은 옆목의 폭넓은 황갈색 부분까지 이어진다. 흑색 눈선은 옆목을 따라 아래로 이어져 가슴을 가로지르는 폭넓은 흑색 띠와 만난다. 가운데날개덮깃과 작은날개덮깃의 상당 부분은 회갈색을 띠며, 약간의 흑색 줄무늬가 있다. 꼬리는 갈색이며 짧다.

■ **어린새** 어미새 비번식깃과 매우 비슷하다. 정수리는 대부분 흐린 적갈색이며 흑갈색 세로 줄무늬가 있다. 눈썹선이 불명확하다. 몸윗면의 깃가장자리는 엷은 색을 띠며, 흑색 가슴선이 비번식깃보다 흐리다.

주남저수지. 2007. 08. 09. ⓒ 이상일

주남저수지. 2007. 08. 09. ⓒ 이상일

주남저수지. 2007. 08. 09. ⓒ 이상일

주남저수지, 2007. 08. 09. ⓒ 이상일

도요과
Scolopacidae

우리나라에는 45종이 기록되었다. 남극을 제외한 전 세계에
분포하나 주로 북반구에 서식한다. 장거리를 이동하는 종이
많으며, 다른 조류에 비해 이동성이 강한 특징이 있다. 몸윗
면은 갈색, 회색, 적갈색, 백색이며, 어두운 무늬나 줄무늬가
있어 위장색 효과가 크다. 많은 종의 몸아랫면은 백색이다.
비번식기에는 번식기에 비해 많은 종이 수수한 색으로 바뀐
다. 부리는 가늘고 긴 편이며, 먹이 종류에 따라 부리의 형태
와 크기가 각양각색이다. 흙 속 깊이 부리를 찔러 넣어 먹이
를 찾는 종은 부리에 감각기관이 발달했으며, 이 기관은 먹
이를 찾는데 중요한 역할을 한다. 또한 부리가 긴 도요류의
부리 끝 부분은 위와 아래로 자유롭게 구부리거나 움직일
수 있어 먹이를 잡기에 편리하다. 날개는 길고 꼬리는 짧은
편이다. 다리는 대개 긴 편이며, 발가락도 길다. 종 대부분이
암수가 같은 색이지만 지느러미발도요류는 암컷이 더 크고
아름답다. 무리를 이루어 생활하며, 비행능력이 뛰어나고 잘
걸어 다니기도 한다. 지느러미발도요류처럼 헤엄을 잘 치고
물에 떠서 많은 시간을 보내는 종도 있다. 많은 종이 독특한
구애행동과 구애비행을 하며, 꺅도요류처럼 날면서 꼬리깃
으로 소리를 내는 경우도 있다. 주로 다양한 동물성 먹이를
먹지만 일부 식물성 먹이도 먹는다. 종 대부분이 둥지를 맨
땅에 만들지만 일부 종은 나무 구멍이나 굴 등 다른 종이 번
식하던 곳을 사용하기도 한다. 알은 2–5개를 낳으며, 암수가
함께 포란과 육추를 하거나 암컷 또는 수컷이 대부분 전담
하는 종도 있다. 새끼는 부화할 때 깃털로 덮여 있으며, 부화
직후부터 걸을 수 있다.

멧도요

Eurasian Woodcock

Scolopax rusticola

L 32–36cm

서식 유라시아대륙의 북부와 중부에서 번식하고, 겨울에는 남쪽으로 이동한다. 우리나라에서는 상당수 통과하는 나그네새이며, 적은 수가 월동도 한다.

행동 다른 도요와는 달리 습한 산림에서 서식하며, 단독으로 생활한다. 비교적 어두운 숲에서 조용히 움직이기 때문에 관찰이 쉽지 않다. 사람이 접근하면 날개 소리를 내며 날아올라 이동하지만 비교적 가까운 곳에 내려앉는다. 부리를 땅 속 깊이 찔러 윗부리 끝을 자유로이 앞뒤로 움직여 먹이를 찾으며, 지렁이를 즐겨 잡아먹는다. 겨울에는 양지 바른 곳에서 낙엽을 뒤지며 땅속의 먹이를 찾는다. 일몰 후 숲을 떠나 하천이나 논으로 이동하는 경우도 있다.

특징 꺅도요류와 비슷하지만 매우 통통한 체형이다. 정수리 뒤쪽으로 폭넓은 흑색 줄무늬가 4열 있다. 머리가 크고 목이 짧으며, 부리는 다른 꺅도요류보다 길다.

천수만. 2012. 02. 02. ⓒ 권경숙

고창. 2010. 04. 07. ⓒ 오동필

서울. 2008. 12. 16. ⓒ 임광완

천수만. 2012. 02. 02. ⓒ 권경숙

153

천수만. 2012. 02. 09. ⓒ 최순규

천수만. 2012. 02. 09. ⓒ 최순규

꼬마도요

Jack Snipe

Lymnocryptes minimus

L 20cm

서식 유라시아대륙 북부에서 번식하고, 유럽, 아프리카 중부, 인도, 동남아시아에서 월동한다. 1916년 10월 15일 경기도에서 채집된 기록이 있으며, 2012년 10월 19일 전남 신안군 흑산도에서 1개체가 발견되었다. 매우 드물게 통과하는 나그네새인 듯하다.

행동 물이 빠진 양어장, 농경지 수로, 범람원, 비온 뒤 생기는 일시적인 늪 등 물이 조금 남아 있는 (보통 수심 2cm 이하) 부드러운 진흙 성분이 있는 환경에서 서식한다. 낮에는 주로 식물의 줄기, 잎으로 위장되는 곳에서 조용히 휴식을 취하며, 밤에 활발히 먹이를 찾는다. 다른 꺅도요류와 달리 먹이를 찾을 때 매우 빠르게 지면을 찍으며 이동한다. 사람, 야생동물 등 천적이 접근하면 숨을 죽인 채 몸을 움츠리며, 매우 가깝게 접근해야 날아오른다. 놀랐을 때 높이 날아오르지 않으며, 울음소리를 내지 않지만, 간혹 작은 소리를 내는 경우도 있다.

특징 꺅도요류 중 크기가 가장 작다. 부리가 짧으며 2/3 지점까지 밝게 보이며, 끝부분은 검게 보인다. 눈 위는 폭넓은 황갈새이며 중앙에 짧은 흑갈색 줄무늬가 있다. 검은 눈선 아래로 반달모양의 줄무늬가 있다. 어깨깃은 금속 광택이 있는 청흑색이다. 날 때 둘째날개깃 끝이 흰색으로 보인다.

터키, 2011. 02. 11. Dûrzan Çirano (CC) BY-SA

흑산도, 2012. 10. 19 ⓒ 철새연구센터

폴란드, Marek Szczepanek ⓒ BY

청도요

Solitary Snipe

Gallinago solitaria

L 30cm

서식 동북아시아의 산림지대에 국지적으로 분포한다. 바닥에 자갈이 있는 산간 계류, 철쭉류, 고산 식물이 있는 초지에서 생활한다. 겨울에는 저지대로 이동한다. 우리나라에서는 흔하지 않은 나그네새이며 겨울철새다. 경기도 광릉 왕숙천, 전북 내장산 등 산간계류를 중심으로 적은 수가 도래한다.

행동 산간 계류에서 먹이를 찾아 조용히 움직인다. 깃털 색이 낙엽과 비슷해서 찾기가 매우 힘들다. 놀랐을 때는 짧은 거리를 이동하며, 비행은 느린 날갯짓과 비행속도로 인해 무거운 느낌이 든다.

특징 꺅도요와 같이 부리가 매우 길고 다리가 짧다. 멧도요보다 작지만 다른 꺅도요류보다 크다. 다른 꺅도요류와 전혀 다르게 전체적으로 어두운 갈색을 띤다. 어깨죽지의 바깥쪽 깃가장자리가 백색이다. 셋째날개깃의 흑색 선과 갈색 선은 폭은 거의 같다. 셋째날개깃이 첫째날개깃보다 약간 더 길다. 꼬리는 접은 날개 뒤로 명확하게 돌출된다.

원주. 2011. 04. 17. ⓒ 박철우

원주, 2011. 04. 24. ⓒ 박철우

원주, 2011. 04. 24. ⓒ 박철우

159

원주. 2012. 02. 13. ⓒ 박철우

광릉. 2009. 11. 22. ⓒ 최순규

광릉. 2010. 01. 23. ⓒ 임광완

고창. 2010. 01. 13. ⓒ 오동필

큰꺅도요

Latham's Snipe

Gallinago hardwickii

L 30-33cm

서식 일본 혼슈 중부에서 북해도, 사할린 남부, 러시아 동남부 등 동북아시아의 일부 지역에서 번식하고, 호주 동부에서 월동한다. 우리나라에서는 매우 드문 나그네새다.

행동 주로 건조한 초지에서 생활한다. 비행은 느린 날개깃으로 인해 무겁게 느껴지고, 꺅도요처럼 지그재그 비행을 하지 않으며, 거의 직선으로 난다. 놀랐을 때 귀에 거슬리는 소리(get)를 낸다.

특징 다른 꺅도요류보다 크며, 날개와 꼬리가 길다. 전체적으로 얼굴과 몸윗면이 다른 꺅도요류보다 엷은 색을 띤다. 몸윗면의 깃끝은 백색이 강하다. 셋째날개깃이 첫째날개깃을 덮는다. 꼬리는 접은 날개 뒤로 길게 돌출된다. 아래 어깨깃 바깥축 깃가장자리의 백색 무늬는 안쪽축까지 이어진다. 셋째날개깃의 가로 줄무늬의 갈색 선이 흑색 선보다 넓다. 부리기부쪽의 흐린 눈썹선은 어두운 눈선보다 뚜렷하게 넓다. 날 때 첫째날개깃의 깃축이 백색으로 보이며, 발가락은 꼬리 뒤로 약간 돌출 된다. 꼬리깃은 보통 암컷은 16장이며 수컷은 18장이다(드물게 19장도 있다). 가장 외측에 위치한 꼬리깃의 폭은 4-6㎜이며 그 안쪽 꼬리깃 폭은 6-8㎜이다.

제주도. 2007. 04. 17. ⓒ 강창완

흑산도, 2009. 04. 22. ⓒ 박종길

꼬리깃, 흑산도, 2007. 04. 18. ⓒ 박종길

제주도, 2008. 04. 14. ⓒ 강창완

제주도, 2008. 04. 17. ⓒ 강창완

흑산도, 2009. 04. 23. ⓒ 박종길

바늘꼬리도요

Pin–tailed Snipe

Gallinago stenura

L 24.5–26.5cm

서식 시베리아의 동북부에서 번식하고, 인도, 동남아시아에서 월동한다. 우리나라에서는 비교적 흔한 나그네새다. 종종 꺅도요 무리에 섞여 통과한다.

행동 보통 논이나 주변 습지에서 생활하며, 꺅도요보다 덜 습한 곳을 좋아한다. 꺅도요보다 덜 변덕스럽게 비행한다.

특징 꺅도요사촌과 매우 비슷해 야외에서 구별이 어렵다. 꺅도요사촌보다 크기가 작으며, 부리가 짧다. 눈앞의 눈썹선은 어두운 눈선보다 뚜렷하게 넓다. 셋째날개깃이 첫째날개깃을 거의 덮는다. 꼬리는 접은 날개 뒤로 약간 돌출될 뿐이다. 날 때 발가락이 꼬리 뒤로 명확하게 돌출된다. 아래 어깨깃 바깥축 깃가장자리의 백색 무늬는 안쪽축까지 이어진다. 셋째날개깃 가로 줄무늬의 갈색 선이 흑색 선보다 넓다. 꼬리깃은 24, 26, 28장이다.

천수만. 2010. 08. 31. ⓒ 권경숙

어린새 어미새와 매우 비슷하다. 몸윗면과 날개덮깃의 깃가장자리의 흐린 무늬 폭이 어미새보다 좁다. 가운데날개덮깃의 흑갈색 줄무늬가 둥그스름한 형태다.

165

흑산도, 2004. 09. 03. ⓒ 박종길

2011. 05. 14. ⓒ 박영욱

꺅도요사촌

Swinhoe's Snipe

Gallinago megala

L 27–30cm

서식 시베리아의 중부에서 번식하고, 인도, 동남아시아, 호주 북부에서 월동한다. 우리나라에서는 적은 무리가 통과하는 나그네새다.

행동 습지, 논에서 서식하며 꺅도요보다 더 건조한 환경을 선호한다. 꺅도요 무리에 섞이는 경우가 있으나 꺅도요보다 동작이 느리고 날아오른 다음 지그재그로 비상하지 않고 느리고 무겁게 직선으로 날며 멧도요를 연상케 한다.

특징 큰꺅도요, 바늘꼬리도요와 비슷해 구별하기 힘들다. 바늘꼬리도요와 비슷하지만 보다 크고, 부리가 길다. 머리가 다소 크고 4각형 형태에 가까우며, 눈이 다소 뒤쪽에 위치한다. 머리의 가장 튀어나온 부분이 눈뒤 쪽에 위치한다. 꼬리는 접은 날개 뒤로 길게 돌출 된다. 날 때 발가락이 꼬리 뒤로 약간 돌출된다. 아래 어깨깃 바깥축 깃가장자리의 백색 무늬는 안쪽축까지 이어진다. 셋째날개깃의 가로 줄무늬는 갈색 선과 흑색 선의 폭이 같거나, 흑색이 더 넓다. 다리가 다소 두껍고 황색 기운이 많다. 수컷 꼬리깃은 보통 20, 22장이며, 암컷은 18장이다. 가장 외측에 위치한 꼬리깃 폭은 3~4mm로 큰꺅도요보다 약간 좁다.

제주도, 2000. 10. 14. ⓒ 강창완

수원. 2006. 04. 24. ⓒ 곽호경

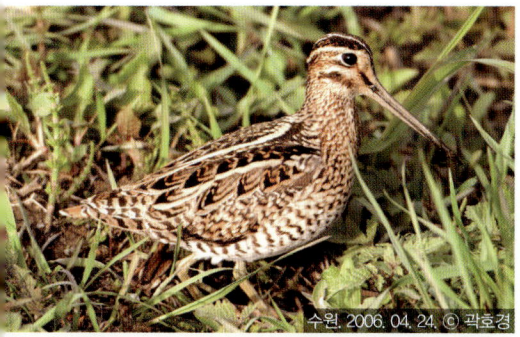

어린새 어미새와 매우 비슷하며, 어깨와 등깃의 깃 가장자리의 연한 무늬 폭이 어미새보다 좁다.

수원. 2006. 04. 24. ⓒ 곽호경

꼬리깃. 흑산도. 2007. 04. 18. ⓒ 박종길

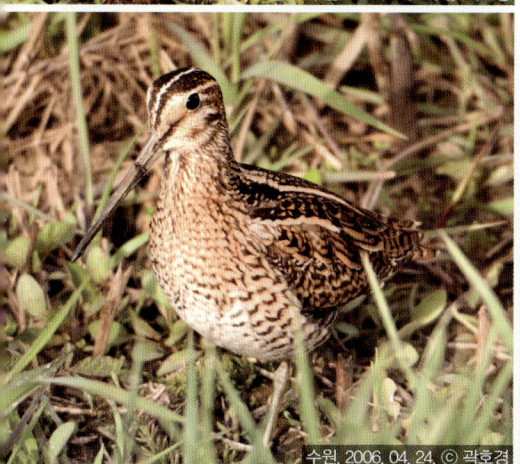

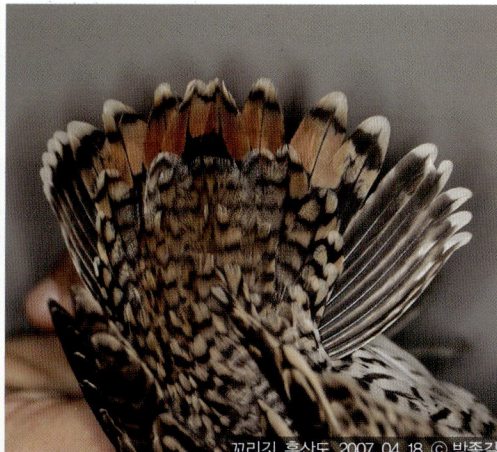

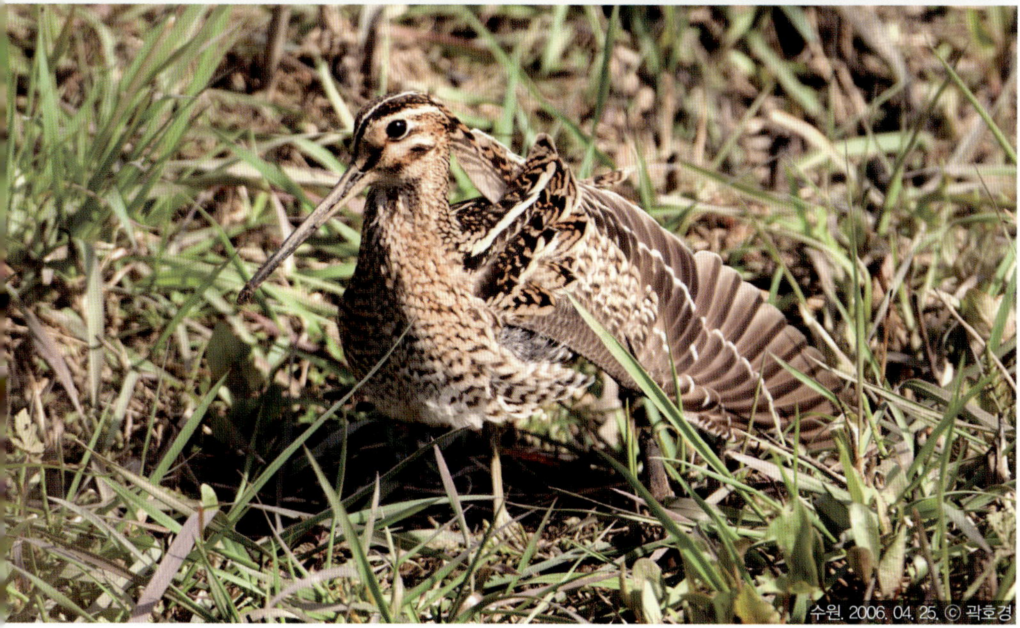
수원. 2006. 04. 25. ⓒ 곽호경

흑산도, 2007. 05. 19. ⓒ 박종길

수원, 2006. 04. 25. ⓒ 심규식

흑산도, 2009. 04. 22. ⓒ 박종길

흑산도, 2007. 04. 26. ⓒ 박종길

수원, 2006. 09. 07. ⓒ 심규식

꺅도요

Common Snipe

Gallinago gallinago

L 25−27.5cm

서식 유라시아대륙의 북부와 북미 북부에서 번식하고, 유럽, 아프리카, 중동, 인도, 동남아시아, 북아메리카 남부에서 월동한다. 우리나라에서는 습지, 논, 개울가에서 볼 수 있는 흔한 나그네새이며, 일부가 월동한다.

행동 긴 부리를 이용해 땅속의 먹이를 잡아낸다. 사람이 접근하면 근거리에서 '꺅' 하며 날아올라 단시간에 고도를 높이 올려 지그재그로 비행하며, 먼 거리를 이동한 후 내려앉는다. 이동시기에는 작은 집단을 이루며, 습지에서 지렁이를 비롯한 무척추동물을 잡아먹는다.

특징 길고 통통한 체형으로 바늘꼬리도요, 꺅도요사촌 등과 혼동하기 쉽지만 비상 중에 둘째날개깃 끝에 백색이 뚜렷하다. 부리기부쪽의 눈썹선 폭이 좁으며, 흑갈색 눈선이 넓고 뚜렷하게 넓게 보인다. 첫째날개깃이 셋째날개깃보다 길다. 꼬리는 첫째날개깃보다 길게 돌출된다. 날 때 발가락이 꼬리 뒤로 약간 돌출된다. 어깨깃의 백색 바깥축 깃가장자리는 안쪽축의 갈색과 대조를 이룬다. 셋째날개깃 가로 줄무늬의 흑색 선이 갈색보다 넓다. 꼬리깃은 14장이다. 날개아랫면은 다른 종보다 백색이 많다.

천수만. 2011. 09. 27. ⓒ 권경숙

꼬리깃. 흑산도. 2007. 04. 24. ⓒ 박종길

천수만. 2011. 09. 27. ⓒ 권경숙

천수만. 2011. 09. 27. ⓒ 권경숙

여주. 2006. 01. 28. ⓒ 곽호경

강릉, 2006. 10. 18. ⓒ 최순규

고창, 2010. 02. 24. ⓒ 최순규

청주, 2008. 09. 21. ⓒ 최순규

청주, 2008. 10. 13. ⓒ 최순규

강화도. 2006. 04. 14. ⓒ 박건석

원주. 2011. 04. 24. ⓒ 박철우

원주. 2011. 04. 24. ⓒ 박철우

군산. 2012. 10. 09. ⓒ 오동필

만경강. 2007. 10. 13. ⓒ 채승훈

긴부리도요

Long-billed Dowitcher

Limnodromus scolopaceus

L 24–30cm

서식 동부 시베리아, 알래스카 서해안에서 번식하고, 미국, 멕시코 해안에서 월동한다. 우리나라에서는 1999년 12월 16일 간월호에서 처음 관찰된 이후 낙동강 하구, 주남저수지, 우포, 금강 등지에서 관찰된 길잃은새다.

행동 바닷가의 갯벌보다 담수습지 또는 염분이 있는 해안가 습지를 선호한다. 먹이 잡는 행동은 꺅도요류와 비슷하다.

특징 부리는 길고 곧다. 다리는 황록색이며 길다. 날 때 둘째날개깃 끝에 백색 줄무늬가 보인다. 허리에서 꼬리까지 흑색과 백색 줄무늬가 있다.

비번식깃. 남양만. 2008. 09. 16. ⓒ 곽호경

어린새에서 1회 겨울깃으로 변환. 강릉. 2009. 09. 25. © 박영욱

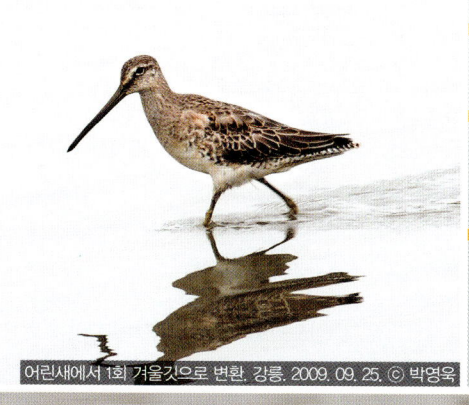

번식깃 몸아랫면은 전체적으로 적색이고, 앞목은 얼룩점이 강하며, 앞가슴에 줄무늬가 있다.

비번식깃 몸윗면은 균일한 짙은 회갈색이고, 머리에서 가슴까지 짙은 회갈색이다. 가슴에 얼룩무늬 또는 줄무늬가 거의 없다.

어린새 비번식깃과 비슷하다. 등과 어깨깃의 가장자리가 적갈색이며, 가슴과 옆구리에 황갈색 기운이 있다.

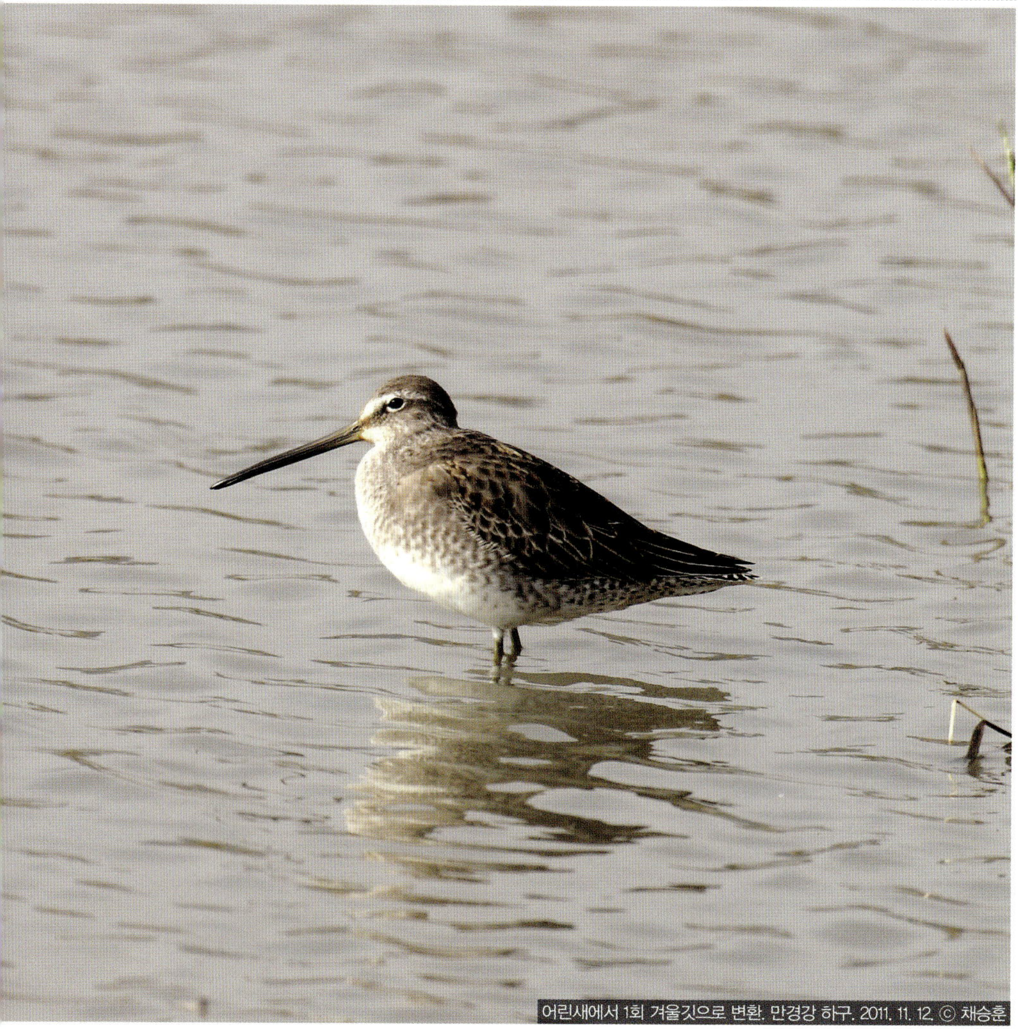
어린새에서 1회 겨울깃으로 변환. 만경강 하구. 2011. 11. 12. © 채승훈

큰부리도요

Asian Dowitcher

Limnodromus semipalmatus

L 33cm

서식 러시아의 오브강 유역, 바이칼호 주변, 몽골, 중국 북동부에서 번식하고, 인도, 인도차이나, 호주에서 월동한다. 우리나라에서는 1993년 9월 3일 시흥시 소래염전에서 어린새 1개체가 처음 관찰된 이후 인천시 삼목도, 동진강, 서산, 제주도 등지에서 관찰된 길잃은새다.

행동 갯벌, 하구, 물 고인 논, 염전에서 관찰되며, 흑꼬리도요, 큰뒷부리도요 무리에 섞여 단독으로 이동하는 듯하다.

특징 큰뒷부리도요와 비슷한 색을 띤다. 긴부리도요와 비슷하지만 부리가 크고 길며, 다리가 흑갈색이다. 뒷머리가 위로 돌출된 듯 보인다.

번식깃, 제주도, 2007. 05. 02. ⓒ 강창완

번식깃. 제주도. 2007. 05. 02. ⓒ 강창환

번식깃. 제주도. 2007. 05. 02. ⓒ 강창환

■■■ **번식깃** 전체적으로 적갈색을 띤다. 머리, 뒷목, 등에 흑색 반점이 있다. 날개덮깃 가장자리가 백색이다. 아래꼬리덮깃이 백색이다. 암컷은 적갈색 부분에 백색 깃이 섞여 있다.

■■■ **비번식깃** 몸윗면은 회갈색이며 깃가장자리가 백색으로 뚜렷하다. 목과 가슴에 가는 회갈색 줄무늬가 있다.

■■■ **어린새** 어미새 비번식깃과 비슷하지만 몸윗면은 흑갈색이며, 깃가장자리는 폭넓은 황갈색을 띤다. 날개덮깃은 어깨보다 밝다. 가슴은 흐린 황갈색을 띠며, 가는 줄무늬가 있다.

■■■ **실태** 국제자연보전연맹의 적색목록에 준위협(NT)으로 등재된 국제적 멸종위기종이다. 전 세계의 집단은 23,000개체로 추정되며, 서식지와 이동경로 및 생태에 관해서 알려진 것이 거의 없다.

번식깃. 몽골. 2009. 06. 15. ⓒ 김신환

비번식깃. 제주도. 2010. 03. 15. ⓒ 박한업

비번식깃. 제주도. 2010. 03. 15. ⓒ 박한업

비번식깃. 제주도. 2010. 03. 15. ⓒ 박한업

번식깃. 제주도. 2011. 05. 05. ⓒ 심규식

제주도. 2010. 03. 15. ⓒ 박한업

번식깃. 몽골. 2012. 06. 12. ⓒ 박진영

흑꼬리도요

Black-tailed Godwit

Limosa limosa

L 36.5-38.5cm

서식 유라시아대륙 중부에서 번식하고, 아프리카, 유럽 남부, 인도, 동남아시아, 호주에서 월동한다. 우리나라에서는 봄·가을에 흔하게 통과하는 나그네새다.

행동 물 고인 논, 하구, 갯벌에서 서식하며, 무리를 이루어 먹이를 찾는다. 갯지렁이, 갑각류 등 다양한 무척추동물은 물론 논에서 볍씨도 먹는다.

특징 다리와 부리가 길다. 긴 부리는 직선이며, 끝 부분을 제외하고 분홍색이다. 암컷이 수컷보다 크며, 부리도 길다. 날 때 꼬리 끝은 흑색, 기부는 백색으로 보여 다른 종과 쉽게 구별된다.

번식깃. 서천. 2009. 05. 05. ⓒ 채승훈

■ **수컷 번식깃** 몸윗면은 흑색과 적갈색의 반점이 있다. 머리에서 앞가슴까지 적갈색이다. 가슴, 배, 옆구리는 백색 바탕에 넓은 흑색 줄무늬가 있으며, 적갈색 깃이 섞여 있다.

■ **암컷 번식깃** 수컷보다 엷은 적갈색이다.

■ **비번식깃** 적갈색 깃이 없으며, 전체적으로 회갈색이다.

■ **어린새** 몸윗면은 흑갈색 기운이 강하며, 깃가장자리가 황갈색을 띤다. 얼굴, 목, 가슴은 흐린 황갈색이며, 배는 백색이다.

■ **닮은종**
  ● **큰부리도요 비번식깃** 부리가 크며 전체적으로 흑색이다. 뒷머리가 돌출된 듯한 느낌이며, 흑꼬리도요에 비해 목과 다리가 짧게 보인다. 몸윗면의 깃가장자리는 폭넓은 백색이다. 날 때 꼬리가 검지 않다.

번식깃, 금강 하구, 2009. 05. 09. ⓒ 임광완

번식깃, 강화도, 2009. 05. 01. ⓒ 박건석

번식깃, 남양만, 2012. 05. 10. ⓒ 이우만

번식깃. 화성. 2008. 05. 03. ⓒ 심규식

번식깃. 화성. 2012. 05. 03. ⓒ 심규식

번식깃. 금강 하구. 2009. 05. 12. ⓒ 오동필

번식깃. 금강 하구. 2009. 04. 26. ⓒ 임광완

어린새에서 1회 겨울깃으로 변환. 남양만. 2008. 09. 19. ⓒ 임광완

번식깃에서 비번식깃으로 변환. 2008. 09. 07. ⓒ 채승훈

1회 겨울깃. 안산. 2009. 11. 06. ⓒ 최순규

번식깃. 평택. 2006. 05. 16. ⓒ 최순규

어린새. 남양만. 2008. 09. 27. ⓒ 임광완

번식깃. 금강 하구. 2011. 04. 21. ⓒ 오동필

어린새. 강화도. 2006. 10. 18. ⓒ 박건석

어린새. 강릉. 2010. 09. 05. ⓒ 박철우

어린새. 남양만. 2009. 10. 27. ⓒ 임광완

어린새, 강릉, 2010. 08. 29. ⓒ 박철우

어린새, 서천, 2009. 09. 12. ⓒ 채승훈

큰뒷부리도요

Bar-tailed Godwit

Limosa lapponica

L 38.5–41cm

서식 유라시아대륙 북부, 알래스카 서부에서 번식하고, 유럽, 아프리카, 중동, 동남아시아, 호주에서 월동한다. 우리나라에서는 봄·가을에 흔하게 통과하는 나그네새다.

행동 해안의 모래밭, 갯벌, 하구, 물 고인 논, 하천에서 생활한다. 큰 무리를 이루며 게, 갯지렁이, 곤충 등 다양한 무척추동물을 잡아먹는다.

특징 부리와 다리가 길다. 부리는 위로 굽었으며 끝 부분을 제외하고 분홍색이다. 암컷이 수컷보다 크며, 부리도 길다. 흑꼬리도요와 달리 날 때 허리와 아랫날개덮깃에 흑갈색 줄무늬가 보인다.

수컷 번식깃, 압해도, 2009. 05. 14. ⓒ 최창용

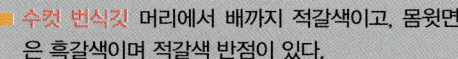

■ **수컷 번식깃** 머리에서 배까지 적갈색이고, 몸윗면은 흑갈색이며 적갈색 반점이 있다.

■ **암컷 번식깃** 수컷보다 적갈색이 뚜렷하게 적다. 비번식깃과 비슷하지만 몸윗면이 보다 어둡다. 몸아랫면은 때 묻은 듯한 백색 바탕이며, 목, 가슴, 가슴 옆에 엷은 적갈색을 띤다.

■ **비번식깃** 몸윗면은 엷은 회갈색이며, 깃 중앙에 흑갈색 줄무늬가 있다. 몸아랫면은 회백색이다.

■ **어린새** 비번식깃과 비슷하지만 몸윗면이 보다 어둡다. 어깨깃 가장자리가 황갈색을 띤다. 셋째날개깃은 흑색과 황갈색 무늬가 교차한다.

수컷 번식깃, 천수만, 2006. 05. 14. ⓒ 심규식

암컷 번식깃, 강화도, 2011. 04. 24. ⓒ 박건석

수컷 번식깃, 금강 하구, 2009. 04. 05. ⓒ 채승훈

수컷 번식깃, 금강 하구, 2009. 05. 12. ⓒ 오동필

비번식깃, 강화도, 2011, 04, 24, ⓒ 박건석

비번식깃에서 번식깃으로 변환, 강화도, 2011, 04, 24, ⓒ 박건석

비번식깃, 강화도, 2011, 04, 24, ⓒ 박건석

수컷 번식깃, 강릉, 2010, 08, 12, ⓒ 박철우

비번식깃, 흑산도, 2007, 04, 05, ⓒ 박종길

암컷 번식깃. 강릉. 2010. 09. 05. ⓒ 박철우

어린새. 유부도. 2006. 09. 10. ⓒ 심규식

번식깃, 강화도, 2006. 05. 03. ⓒ 박건석

번식깃, 강화도, 2009. 05. 08. ⓒ 박건석

흑산도, 2007. 04. 05. ⓒ 박종길

남양만, 2009. 03. 28. ⓒ 이상일

쇠부리도요

Little Curlew

Numenius minutus

L 31cm

서식 시베리아 동부에서 번식하고, 뉴기니, 호주에서 월동한다. 우리나라에서는 희귀하게 통과하는 나그네새다.

행동 농경지, 초지에서 서식한다. 무리지어 행동하는 습성이 있다. 벌, 등에 등 다양한 곤충류를 먹는다. 먹이를 발견하면 천천히 접근해 잡아먹는다.

특징 머리 형태는 중부리도요와 매우 비슷하다. 부리 길이는 머리 길이의 1.5배 정도이며 아래로 약간 굽었다. 엷은 갈색인 머리중앙선이 있으며 흑갈색인 머리옆선이 있다. 눈썹선은 엷은 갈색이며 폭이 넓다. 몸윗면은 흑갈색이며 깃가장자리가 황갈색이다. 중부리도요보다 몸아랫면의 백색 기운이 강하다. 날 때 허리는 등과 거의 같은 색으로 보인다.

어청도, 2007. 04. 29. ⓒ 채승훈

■ **어린새** 어미새와 매우 비슷해 구별이 어렵다. 가슴 과 옆구리의 줄무늬가 어미새보다 적다. 몸윗면의 큰날개덮깃은 어깨깃보다 약간 엷은 색을 띠는 듯 하다.

■ **닮은종**
● 중부리도요 몸이 더 크다. 부리는 머리 길이의 2배 정도로 길며, 아래로 굽은 정도가 더 크다. 눈썹선 의 폭이 좁다. 날 때 허리의 백색이 보인다. 눈앞이 쇠부리도요보다 어둡다.

홍도, 2011. 05. 03. ⓒ 박진영

홍도, 2011. 05. 03. ⓒ 박진영

홍도, 2011. 05. 03. ⓒ 박진영

어청도, 2007. 04. 22. ⓒ 채승훈

강릉. 2012. 04. 26. ⓒ 박헌우

강릉. 2012. 04. 26. ⓒ 최순규

강릉. 2012. 04. 26. ⓒ 최순규

중부리도요

Whimbrel

Numenius phaeopus

L 42cm

서식 유리시아대륙 북부와 북미 북부에서 번식하고, 아프리카, 중동, 인도, 동남아시아, 호주, 북미 남부, 남미에서 월동한다. 우리나라에서는 봄·가을에 흔하게 통과하는 나그네새다.

행동 갯벌, 하구, 초지, 농경지에서 먹이를 찾는다. 무리지어 생활하는 경우가 많으며 곤충류, 게, 조개 등을 잡아먹는다.

특징 길고 아래로 굽은 부리는 머리 길이의 2배 정도다. 머리중앙선은 백색이며 머리옆선은 암갈색이다. 몸아랫면은 옅은 갈색이며 암갈색 줄무늬가 있다. 허리에 백색 바탕에 흐린 갈색 줄무늬가 있다.

천수만, 2010. 09. 12. ⓒ 김신환

어린새 어미새에 비해 부리가 짧고 아래로 덜 굽었다. 어깨깃과 셋째날개깃 가장자리의 황갈색 반점이 어미새보다 크게 보인다. 가슴은 어미새보다 황갈색이 약간 강하고 줄무늬가 보다 흐리다.

닮은종

● **쇠부리도요** 부리가 짧아 머리 길이의 1.5배 정도다. 허리가 어둡게 보인다.

강화도. 2010. 09. 07. ⓒ 박건석

강화도. 2006. 10. 10. ⓒ 박건석

강화도. 2007. 08. 20. ⓒ 박건석

금강 하구. 2009. 05. 12. ⓒ 오동필

부산. 2009. 05. 02. ⓒ 김화연

천수만, 2008, 05, 04, ⓒ 김신환

유부도, 2009, 09, 20, ⓒ 채승훈

천수만. 2005. 04. 21. ⓒ 김신환

천수만. 2005. 04. 21. ⓒ 김신환

마도요

Eurasian Curlew

Numenius arquata

L 50-60cm

서식 유라시아대륙의 북부와 중부에서 번식하고, 유럽 남부, 아프리카, 중동, 인도, 동남아시아에서 월동한다. 우리나라에서는 봄·가을에 흔하게 통과하는 나그네새이며, 일부가 하구와 갯벌에서 월동한다.

행동 여러 마리가 무리를 이루는 경우가 많다. 게를 주식으로 삼으며, 비교적 느리게 움직이며 먹이를 찾는다. 긴 부리를 게 구멍에 넣어 잡은 후 흔들어서 다리를 절단하고 물에 씻어 먹는다.

특징 몸윗면은 암갈색이며 깃가장자리는 황갈색과 백색이다. 아래로 휘어진 긴 부리는 머리 길이의 3배 정도다. 배, 아래꼬리덮깃, 허리가 백색이다. 꼬리는 백색 바탕에 흑색 줄무늬가 있다. 날 때 날개아랫면이 백색으로 보인다. 암컷이 수컷보다 크며, 부리도 길다.

강릉. 2010. 03. 21. ⓒ 박철우

강릉. 2010. 03. 21. ⓒ 박철우

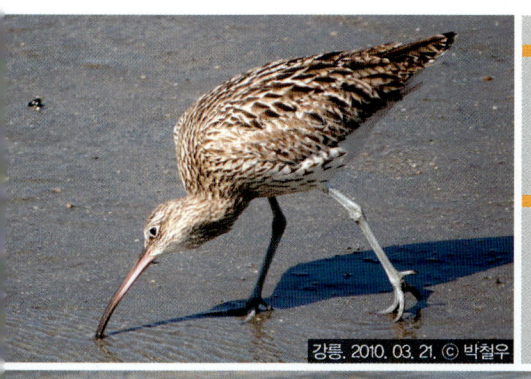

어린새 알락꼬리마도요와 혼동하기 쉽다. 어미새에 비해 부리가 짧고 아래로 덜 굽었다. 몸윗면과 아랫면에 황갈색 기운이 강하다. 가슴과 옆구리의 세로 줄무늬가 약하고 흐리다.

닮은종

- **알락꼬리마도요** 배와 아래꼬리덮깃이 엷은 갈색이다. 허리와 꼬리가 갈색이다. 날 때 날개아랫면이 암갈색으로 보인다.

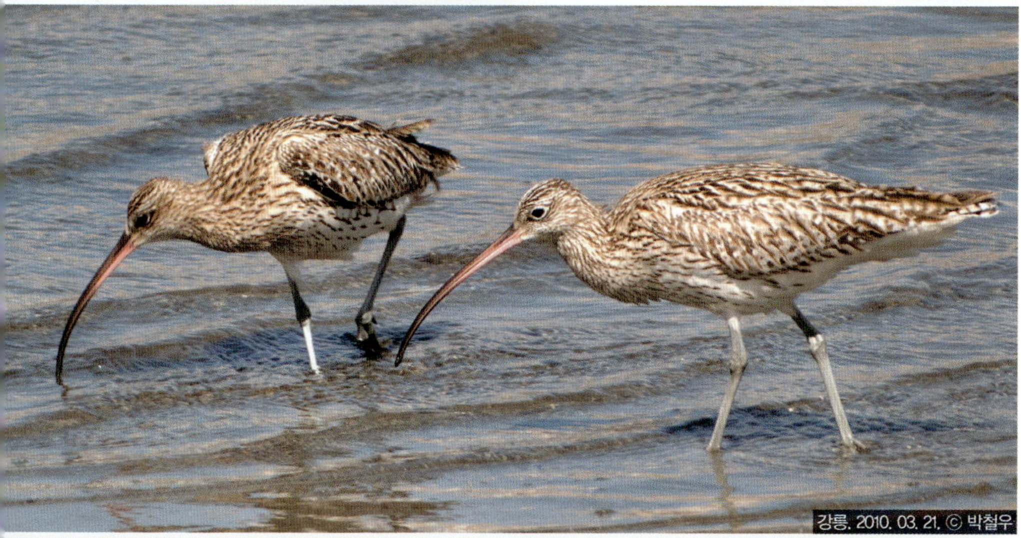
강릉. 2010. 03. 21. ⓒ 박철우

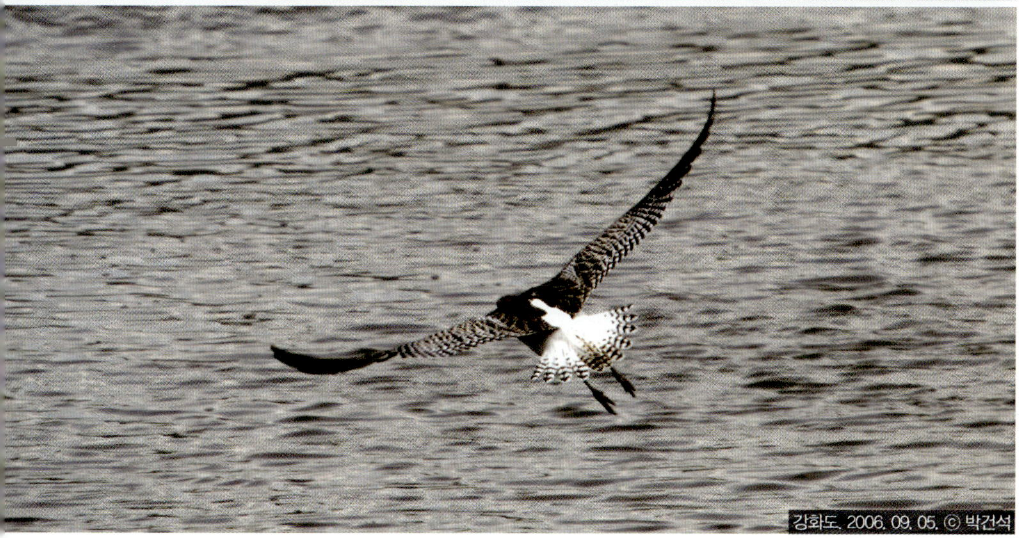
강화도. 2006. 09. 05. ⓒ 박건석

유부도, 2008. 09. 18. ⓒ 채승훈

유부도, 2008. 09. 18. ⓒ 채승훈

순천만. 2011. 01. 20. ⓒ 박헌우

211

알락꼬리마도요

멸종위기종 II급. IUCN 범주_취약(VU)

Far Eastern Curlew

Numenius madagascariensis

L 58.5–61.5cm

서식 시베리아 동북부, 중국 동북부에서 번식하고, 필리핀, 뉴기니, 호주에서 월동한다. 국제적으로 희귀한 종이지만 우리나라에서는 비교적 흔하게 통과하는 나그네새다.

행동 갯벌, 하구, 물 고인 논, 초지에서 생활한다. 주로 게를 먹으며 갑각류와 갯지렁이도 즐겨먹는다.

특징 마도요와 비슷하다. 아래로 휘어진 긴 부리는 머리 길이의 3배 정도이며, 암컷이 수컷보다 길다. 날 때 등과 허리는 갈색으로 보이며, 날개아랫면은 암갈색 줄무늬가 조밀하게 흩어져 있어 어둡게 보인다.

강화도. 2006. 04. 03. ⓒ 박건석

강화도, 2005. 08. 26. ⓒ 박건석

강화도, 2006. 08. 02. ⓒ 박건석

■ **번식깃** 몸윗면의 깃가장자리에 적갈색 기운이 강하게 나타나며, 몸아랫면은 황갈색이 강하다.

■ **비번식깃** 몸윗면에 암갈색과 황갈색 반점이 있다. 몸아랫면은 전체적으로 엷은 황갈색이며 갈색 줄무늬가 흩어져 있다.

■ **어린새** 어미새 비번식깃과 매우 비슷하지만 부리가 짧고 아래로 덜 굽었다. 어깨깃과 날개덮깃 가장자리에 황갈색이 강하다. 셋째날개깃의 흑색 줄무늬 폭이 어미새보다 넓다. 몸아랫면의 세로 줄무늬가 약하고 흐리다.

■ **실태** 국제자연보전연맹의 적색목록에 취약(VU)으로 등재된 국제적인 멸종위기종이다. 전 세계의 집단은 32,000개체로 추정되며, 서식지의 파괴와 질저하로 인한 개체수 감소가 심각한 상황이다.

■ **닮은종**
● **마도요** 배, 아래꼬리덮깃, 허리가 백색이다. 날 때 날개아랫면이 백색으로 보인다.

포항, 2010. 10. 03. ⓒ 박진영

강화도. 2011. 08. 27. ⓒ 박건석

강릉. 2010. 09. 05. ⓒ 박철우

금강 하구. 2012. 09. 05. ⓒ 오동필

강릉. 2010. 09. 05. ⓒ 박철우

강릉. 2010. 09. 05. ⓒ 박철우

강화도, 2006. 04. 14. ⓒ 박건석

강화도, 2008. 03. 28. ⓒ 박건석

영종도. 2010. 05. 14. ⓒ 최창용

학도요

Spotted Redshank

Tringa erythropus

L 32.5cm

도요과 | Scolopacidae

서식 유라시아대륙 북부에서 번식하고, 유럽 남부, 아프리카, 인도, 동남아시아에서 월동한다. 우리나라에서는 봄·가을 이동시기에 흔하게 통과하며 특히 봄에 작은 무리를 이루어 습지 및 논에서 생활한다.

행동 물 고인 논, 습지, 하구, 갯벌에서 무리지어 생활한다. 약간 깊은 물속에서도 먹이를 찾으며, 간혹 수영하며 물속의 먹이를 찾는다.

특징 부리와 다리가 길며 몸깃은 흑색을 띤다. 아랫부리의 기부는 적색을 띤다. 몸윗면은 흑색이며 백색 반점이 흩어져 있다. 가슴옆과 옆구리에 작은 백색 반점이 있다.

번식깃. 강화도. 2005. 05. 17. ⓒ 박건석

번식깃. 2011. 04. 25. © 박한업

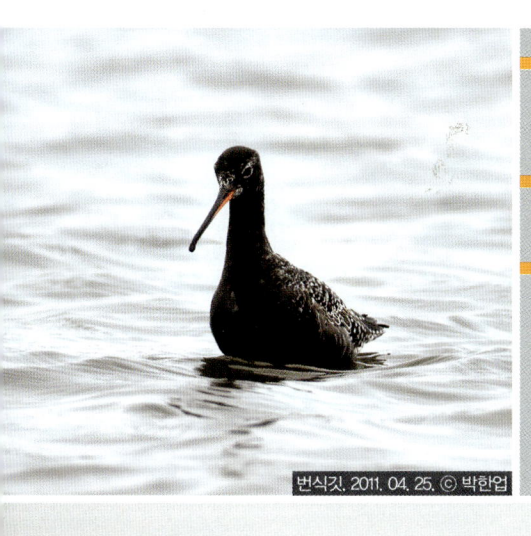

비번식깃 전체적으로 회갈색으로 바뀐다. 백색 눈썹선이 있다. 몸윗면에 백색 반점이 있고, 몸아랫면은 백색으로 바뀌며 옆구리에 옅은 갈색 기운이 있다.

어린새 어미새 비번식깃과 비슷하지만 몸윗면이 더 어둡고 몸아랫면에 갈색 줄무늬가 뚜렷하다.

닮은종

- **붉은발도요 어린새** 부리가 짧으며 부리기부가 옅은 주황색이다. 날 때 둘째날개깃과 몸 안쪽의 첫째날개깃 끝의 백색이 보인다.

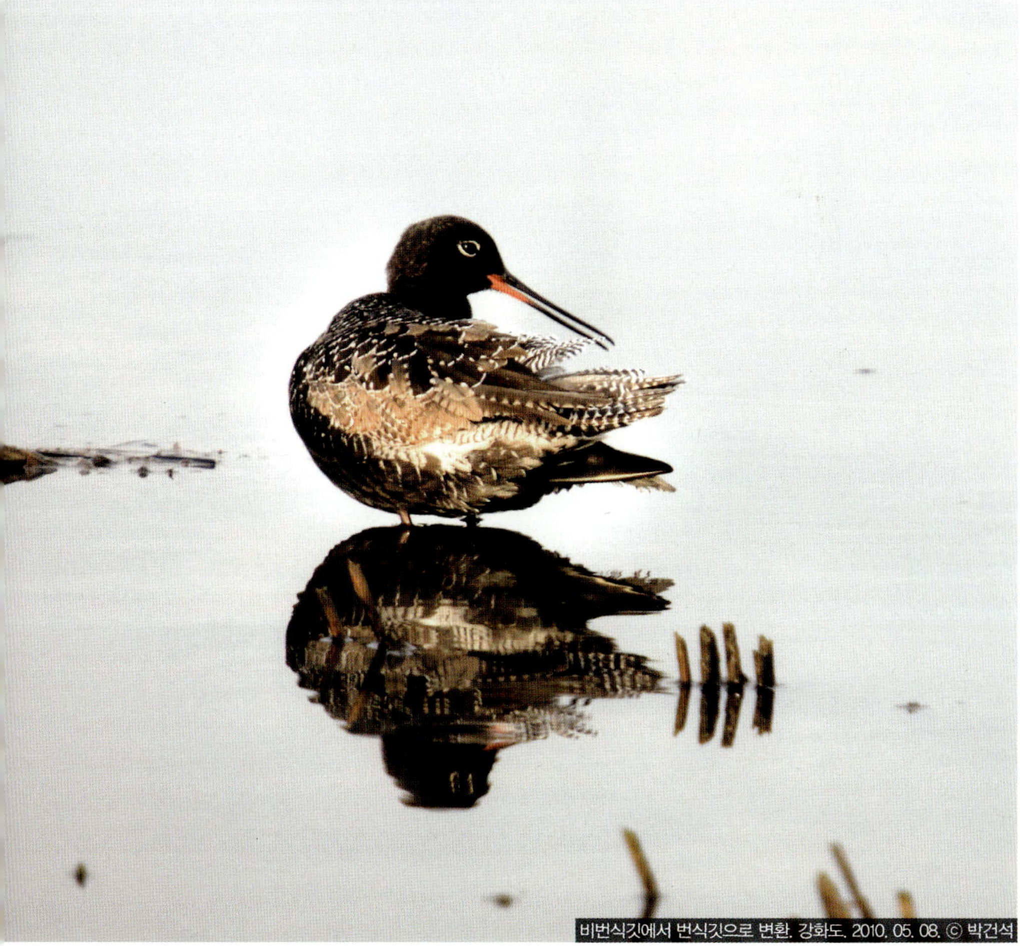
비번식깃에서 번식깃으로 변환. 강화도. 2010. 05. 08. © 박건석

어린새에서 1회 겨울깃으로 변환. 강화도, 2007. 10. 29. ⓒ 박건석

어린새에서 1회 겨울깃으로 변환. 강릉. 2010. 09. 10. ⓒ 곽호경

어린새, 만경강, 2007. 10. 06. ⓒ 채승훈

어린새에서 1회 겨울깃으로 변환, 2009. 10. 21. ⓒ 김신환

비번식깃에서 번식깃으로 변환, 2006. 03. 26. ⓒ 김신환

비번식깃, 홍도, 2007. 04. 17. ⓒ 최창용

어린새에서 1회 겨울깃으로 변환. 시흥. 2006. 10. 22. ⓒ 심규식

어린새. 강릉. 2010. 09. 10. ⓒ 최순규

붉은발도요

Common Redshank

Tringa totanus

L 27.5cm

서식 우리나라에서는 봄·가을 이동시기에 흔하게 통과한다. 2002년 6월 10일 인천공항 배후 습지를 비롯해 시흥시 갯골생태공원, 서천 유부도 등지에서 번식이 확인되었다.

행동 물 고인 논, 염전, 갯벌에서 작은 무리 또는 다른 도요 무리에 섞여 생활한다. 빠르게 걸어가면서 땅을 규칙적으로 찍으며 먹이를 찾는다.

특징 부리는 학도요보다 짧으며 기부가 밝은 적색이고 끝은 흑색이다. 날 때 안쪽 첫째날개깃과 둘째날개깃 끝 부분의 백색이 명확하게 보인다.

번식깃, 시흥, 2008. 05. 11. ⓒ 심규식

번식지, 인천, 2007. 05. 26. ⓒ 박현우

■■■ **번식깃** 몸윗면은 회갈색이며 흑색 반점이 흩어져 있다. 얼굴에서 아랫배까지 백색 바탕에 흑색의 뚜렷한 큰 반점이 흩어져 있다.

■■■ **비번식깃** 몸윗면은 엷은 갈색으로 바뀌며 얼굴에서 배까지 가느다란 흑색 반점이 있다. 부리 색이 엷어진다.

■■■ **어린새** 어미새 비번식깃과 비슷하지만 몸윗면의 깃 가장자리가 황갈색이다. 부리기부는 엷은 주황색이다.

번식깃, 강화도, ⓒ 박건석

번식깃, 화성, 2010. 05. 02. ⓒ 최순규

번식깃, 강릉, 2011. 08. 12. ⓒ 박진영

225

어린새. 강릉. 2010. 09. 05. ⓒ 박철우

어린새. 군산. 2007. 09. 26. ⓒ 채승훈

비번식깃에서 번식깃으로 변환. 남양만. 2009. 04. 30. ⓒ 심규식

쇠청다리도요

Marsh Sandpiper

Tringa stagnatilis

L 25cm

서식 유럽 남부, 중앙아시아, 중국 북동부에서 번식하고, 아프리카, 인도, 동남아시아, 호주에서 월동한다. 우리나라에서는 봄·가을 이동시기에 적은 수가 통과한다.

행동 단독 또는 소수가 무리를 이룬다. 물 고인 논, 습지, 갯벌에서 약간 부산하게 움직이며 먹이를 찾는다.

특징 부리가 길며 가늘고 직선이다. 몸윗면은 흑색 무늬가 있는 회갈색이며 깃가장자리는 백색이다. 다리가 길며 전체적으로 마른 듯한 체형이다. 머리, 목, 가슴은 백색이며 흑색 반점이 흩어져 있다. 날개를 접었을 때 첫째날개깃 끝은 꼬리 끝에 닿는다.

번식깃. 강릉. 2010. 04. 25. ⓒ 박철우

■■■ **비번식깃** 몸윗면은 균일한 회색이며 깃가장자리가 백색이다.

■■■ **어린새** 몸윗면은 갈색 기운이 강하며 깃가장자리가 백색이다. 깃털갈이가 진행된 개체는 어깨깃과 등깃의 일부가 회색을 띠며, 깃가장자리가 폭 좁은 백색을 띤다. 몸아랫면은 백색을 띠며, 옆목에 가는 갈색 줄무늬가 흩어져 있다.

번식깃. 가거도. 2009. 04. 29. ⓒ 박진영

번식깃. 강릉. 2010. 04. 25. ⓒ 박철우

번식깃. 홍도. 2009. 04. 28. ⓒ 최창용

흑산도. 번식깃. 2011. 05. 15. ⓒ 박철우

어린새에서 1년생 겨울깃으로 변환. 아산만. 2012. 11. 03. ⓒ 최순규

쇠청다리도요(위)와 청다리도요(아래). 만경강. 2007. 10. 03. ⓒ 채승훈

어린새. 강릉. 2010. 09. 10. ⓒ 최순규

어린새에서 1회 겨울깃으로 변환. 금강. 2006. 09. 23. ⓒ 채승훈

어린새에서 1회 겨울깃으로 변환. 군산. 2007. 10. 15. ⓒ 곽호경

청다리도요

Common Greenshank

Tringa nebularia

L 35cm

서식 유라시아대륙 북부에서 번식하고, 아프리카, 인도, 동남아시아, 호주에서 월동한다. 우리나라에서는 봄·가을에 비교적 흔하게 통과하는 나그네새다.

행동 물 고인 논, 하천, 연못, 하구, 갯벌에서 생활한다. 작은 무리를 이루어 생활하는 경우가 많으며 곤충류, 갑각류 등 다양한 무척추동물을 먹는다. 종종 얕은 물에서 부리를 약간 벌리고 물속에 넣은 채 빠르게 달려가며 작은 물고기를 잡는 독특한 행동을 한다.

특징 부리는 쇠청다리도요보다 길고 두꺼우며 약간 위로 향한다. 다리는 녹황색이다. 몸윗면은 엷은 회갈색이며 깃가장자리가 백색이다. 어깨깃 일부는 흑색이며 깃가장자리가 백색이다. 머리, 목, 가슴은 백색이며 흑색 반점이 흩어져 있다.

번식깃, 서천, 2008, 05, 17, ⓒ 채승훈

비번식깃 몸윗면은 균일한 회갈색이며 깃가장자리가 백색이고 그 안쪽에 작은 흑색 반점이 흩어져 있다. 어깨와 작은날개덮깃은 거의 같은 색이다. 셋째날개깃 가장자리에 어두운 반점이 흩어져 있다. 가슴의 줄무늬는 매우 약해진다.

어린새 비번식깃과 비슷하지만 몸윗면에 갈색 기운이 강하고 깃가장자리가 엷은 황갈색이 섞인 백색이며, 그 안쪽으로 흑색 반점 또는 흑색 줄무늬가 있다. 어깨깃의 깃가장자리는 엷은 황갈색이다. 몸 아랫면은 비번식깃과 비슷하지만 옆목과 가슴옆의 줄무늬가 약간 진하며, 옆구리에 흐린 줄무늬가 있다.

닮은종
● **청다리도요사촌** 부리기부가 굵다. 청다리도요보다 다리가 짧으며 황색이 강하다.

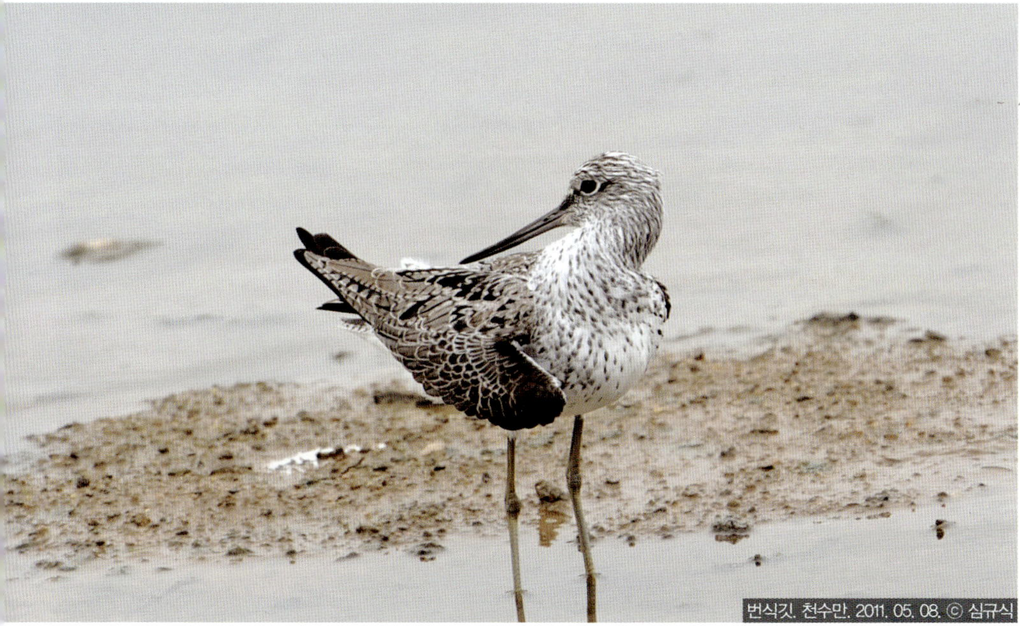

번식깃에서 비번식깃으로 변환. 천수만. 2011. 08. 26. ⓒ 권경숙

어린새. 천수만. 2011. 08. 26. ⓒ 권경숙

번식깃에서 비번식깃으로 변환. 천수만. 2011. 09. 07. ⓒ 권경숙

어린새에서 1회 겨울깃으로 변환. 강화도. 2005. 11. 01. ⓒ 박건석

강화도. 2006. 09. 19. ⓒ 박건석

번식깃에서 비번식깃으로 변환, 천수만, 2011. 09. 11. ⓒ 권경숙

번식깃에서 비번식깃으로 변환, 시화호, 2010. 11. 14. ⓒ 박철우

강화도. 2007. 05. 15. ⓒ 박건석

대천. 2005. 11. 01. ⓒ 최순규

청다리도요사촌

멸종위기종 I급. IUCN 범주_위기(EN)

Nordmann's Greenshank

Tringa guttifer

L 31cm

서식 사할린 북동부와 오호츠크해가 접하는 극동러시아의 일부 지역에서 번식하고, 말레이반도, 태국, 방글라데시에서 월동한다. 우리나라에서는 매우 드문 나그네새로 봄·가을에 하구, 갯벌, 염전지역을 통과한다.

행동 갯벌에서 빠르게 움직이며 게, 작은 어류, 연체동물 등을 먹는다. 먹이를 사냥하는 행동이 뒷부리도요와 비슷하다.

특징 부리는 크고 굵으며 약간 위로 휘어졌다. 기부가 굵게 보이며, 약간 황색 기운이 있다. 다리는 청다리도요에 비해 약간 짧고 황색이 강하다. 부척 위 깃털이 없는 퇴부 부분이 청다리도요보다 뚜렷하게 짧다. 날 때 날개는 균일한 암갈색으로 보인다. 등, 허리가 백색이다. 꼬리는 백색에 회갈색 가는 가로 줄무늬가 있다. 날개아랫면은 백색이다. 머리가 크고 눈이 작게 보인다.

어린새에서 1회 겨울깃으로 변환. 천수만. 2011. 09. 10. ⓒ 권경숙

어린새. 천수만. 2010. 09. 12. ⓒ 김신환

어린새에서 1회 겨울깃으로 변환. 천수만. 2010. 09. 21. ⓒ 김신환

■ **번식깃** 가슴에 큰 흑색 반점이 흩어져 있다. 몸윗면은 흑색 기운이 강하고 백색 반점이 흩어져 있다.

■ **비번식깃** 몸윗면은 회색이며 깃가장자리가 백색이다. 작은날개덮깃은 어깨보다 진한 어두운 갈색이다. 가슴은 백색에 가깝다.

■ **어린새** 비번식깃과 비슷하지만 몸윗면의 갈색이 강하다. 어깨와 셋째날개깃에 비교적 큰 황갈색 반점이 흩어져 있다. 날개덮깃 가장자리가 백색을 띠는 황갈색이다.

■ **실태** 국제자연보전연맹의 적색목록에 위기(EN)로 등재된 국제적인 멸종위기종이다. 전 세계의 집단은 400~600마리로 추정되며, 분포권의 해안습지 파괴가 심각하게 진행되고 있다.

■ **닮은종**

● **청다리도요** 부리가 다소 가늘게 보이며, 날아갈 때 다리가 길어 꼬리 밖으로 길게 돌출 된다. 머리가 작고 눈이 크게 보인다. 날개아랫면에 작은 반점이 있어 청다리도요사촌처럼 백색으로 보이지 않는다.

● **큰노랑발도요** 부리가 가늘다. 다리가 황색이며 상당히 길다. 날 때 허리의 백색이 등 위까지 다다르지 않는다. 머리가 작고 눈이 크다.

어린새에서 1회 겨울깃으로 변환. 낙동강 하구. 2007. 09. 22. ⓒ 김범수

어린새에서 1회 겨울깃으로 변환. 천수만. 2011. 09. 10. ⓒ 권경숙

239

1회 겨울깃, 유부도, 2009. 10. 20. ⓒ 박영욱

번식깃, 남양만, 2008. 04. 24. ⓒ 심규식

청다리도요사촌(왼쪽)과 청다리도요(오른쪽) 만경강 하구, 2012. 10. 03. ⓒ 오동필

남양만, 2012. 09. 28. ⓒ 최순규

만경강 하구, 2012. 10. 03. ⓒ 오동필

어린새에서 1년생 겨울깃으로 변환, 낙동강 하구, 2007. 09. 22. ⓒ 김범수

만경강 하구. 2012. 10. 03. ⓒ 오동필

어린새에서 1회 겨울깃으로 변환. 천수만. 2010. 09. 23. ⓒ 채승훈

비번식깃에서 번식깃으로 변환. 남양만. 2008. 05. 08. ⓒ 심규식

어린새. 만경강 하구. 2011. 09. 09. ⓒ 오동필

청다리도요사촌 2개체(앞)와 붉은어깨도요 어린새 2개체(뒤). 만경강 하구. 2011. 09. 09. ⓒ 오동필

큰노랑발도요

도요과 | Scolopacidae

Greater Yellowlegs

Tringa melanoleuca

L 29~33cm

서식 북아메리카 북부에서 번식하고, 중앙아메리카, 남아메리카에서 월동한다. 국내는 1993년 9월 4일 경기도 소래염전에서 겨울깃 1개체가 관찰된 미조이다.

행동 갯벌, 하구. 해안가의 습지, 논에서 생활한다.

특징 다리는 길고 노란색이다. 부리는 길고 약간 위로 굽었으며 기부는 연한 황록색이다. 날 때 허리에 사각형 흰색 부분이 보인다.

미국 캘리포니아. 2007. 11. 19. Mike Baird (CC) BY

■ **여름깃** 몸윗면은 흑갈색이며, 깃가장자리에 흰색 반점이 흩어져 있다. 머리와 목에 어두운 갈색 줄무늬, 가슴과 옆구리에는 뚜렷한 검은 반점이 있다.

■ **비번식깃** 몸윗면은 회색 기운이 많아지고 전체적으로 작은 흰색 반점이 많다. 머리와 가슴의 줄무늬는 가늘어진다.

■ **어린새** 비번식깃과 비슷하지만 몸윗면은 갈색기가 강하다. 깃가장자리의 검은 반점이 뾰족하다. 가슴에 갈색 줄무늬가 있으며, 옆구리와 아래꼬리덮깃까지 다다른다.

■ **닮은종**
● **청다리도요** 다리가 황록색. 날 때 허리의 흰색이 등까지 다다른다.

미국 텍사스, 2008. 05. 23. Alan D. Wilson BY-SA

삑삑도요

Green Sandpiper

Tringa ochropus

L 24cm

서식 유라시아대륙 북부에서 번식하고, 아프리카, 중동, 인도, 중국, 동남아시아에서 월동한다. 우리나라에서는 전국에 걸쳐 흔하게 통과하는 나그네새이면서 겨울에 월동하는 개체도 어렵지 않게 볼 수 있다.

행동 물 고인 논이나 하천 등 다양한 담수습지에서 생활한다. 단독으로 행동하는 경우가 많으며, 먹이를 찾아 천천히 이동하면서 끊임없이 꼬리를 위 아래로 까딱까딱 흔든다.

특징 몸윗면은 짙은 녹갈색이며 작은 백색 반점이 흩어져 있다. 다리는 어두운 녹색이다. 머리에서 목까지 진한 녹갈색 줄무늬가 흩어져 있다. 백색 눈썹선은 눈앞에서 끝난다. 날 때 날개아랫면이 어둡게 보인다.

번식깃. 홍도. 2007. 04. 17. ⓒ 최창용

강화도. 2006. 02. 14. ⓒ 박건석

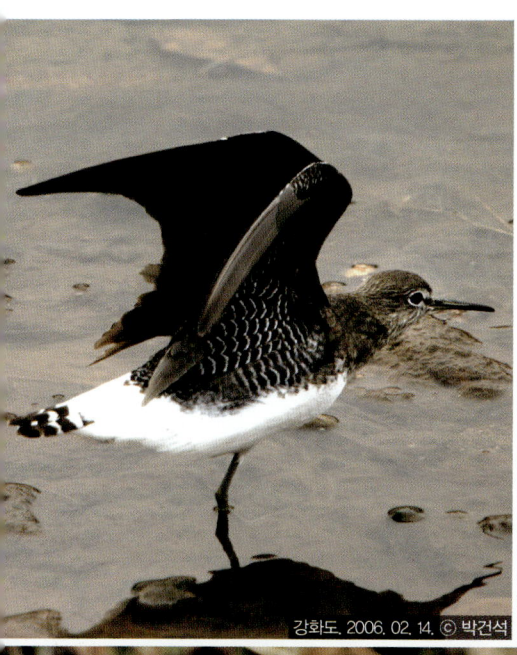

비번식깃 머리와 뒷목의 줄무늬가 없어지며, 몸윗면의 백색 반점이 매우 작아진다. 목과 가슴의 줄무늬가 번식깃보다 가늘지만 어린새보다 어둡게 보인다.

어린새 비번식깃과 비슷하지만 몸윗면에 백색 반점이 보다 크다. 가슴의 줄무늬가 비번식깃보다 적다.

닮은종

- **알락도요** 몸윗면의 백색 반점이 크다. 다리는 황색 기운이 강하다. 날 때 날개아랫면이 백색으로 보인다. 부리가 약간 짧다. 백색 눈썹선은 눈뒤까지 이어진다.

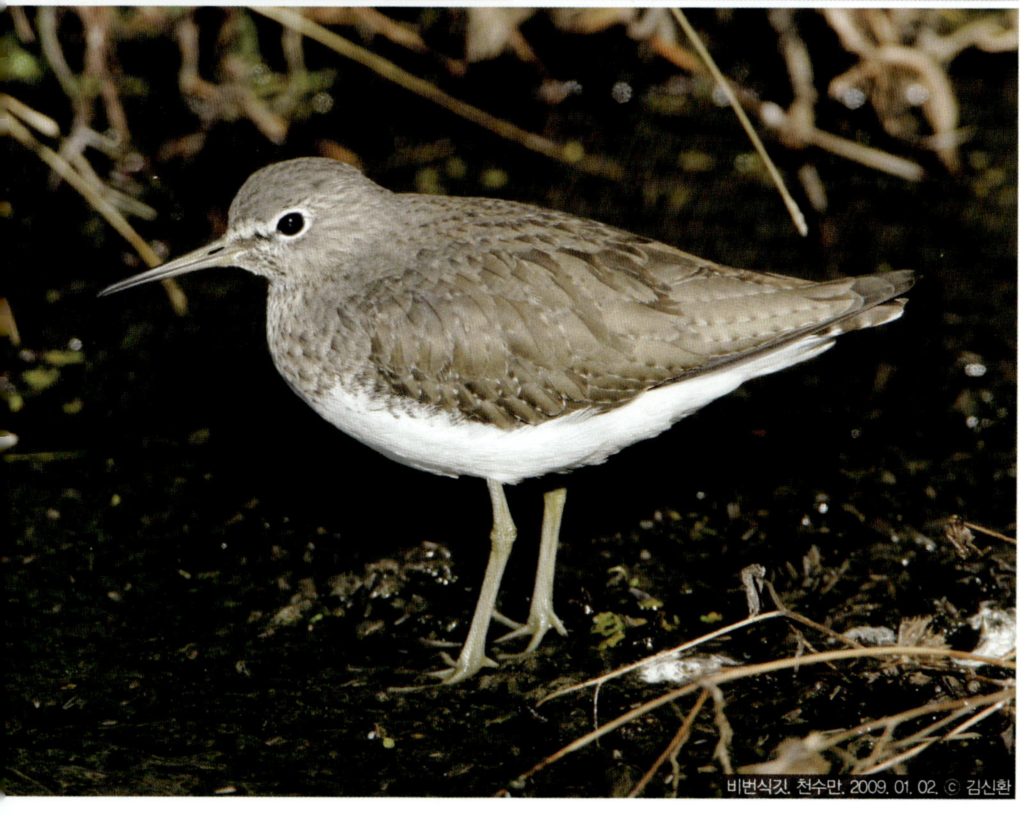
비번식깃. 천수만. 2009. 01. 02. ⓒ 김신환

어린새. 홍도. 2007. 09. 15. ⓒ 김성현

비번식깃. 목포. 2006. 01. 12. ⓒ 최순규

비번식깃에서 번식깃으로 변환. 원주. 2008. 01. 22. ⓒ 박철우

비번식깃. 강화도. 2006. 02. 19. ⓒ 박건석

비번식깃. 목포. 2006. 01. 12. ⓒ 최순규

비번식깃에서 번식깃으로 변환. 포천. 2007. 04. 11. ⓒ 이상일

알락도요

Wood Sandpiper

Tringa glareola

L 21–23cm

서식 유라시아대륙 북부에서 번식하고, 아프리카, 인도, 동남아시아, 호주에서 월동한다. 우리나라는 봄·가을에 흔하게 통과하는 나그네새다. 특히 봄에 물 고인 논에 많은 수가 찾아온다.

행동 물 고인 논에서 큰 무리를 이루어 먹이를 찾으며, 해안갯벌에서 관찰되는 경우는 드물다. 몸을 위 아래로 까닥까닥 흔들며 흙속에 숨은 곤충류, 연체동물, 갑각류를 잡는다.

특징 몸윗면은 회갈색이며 큰 백색 반점과 흑색 반점이 흩어져 있다. 다리는 약간 길며 황색이다. 백색 눈썹선은 눈뒤까지 이어진다. 날 때 날개아랫면은 백색에 가깝게 보인다. 어린새는 어깨와 등에 갈색 기운이 강하며, 백색 반점이 명확하고, 몸아랫면의 줄무늬가 흐리다.

번식깃. 강릉. 2010. 04. 29. ⓒ 박철우

번식깃, 강화도, 2007. 05. 07. ⓒ 박건석

번식깃, 강화도, 2012. 04. 27. ⓒ 박건석

흑산도, 2009. 05. 02. ⓒ 박철우

번식깃, 강릉, 2010. 04. 29. ⓒ 박철우

백화 개체, 인천, 2011. 10. 08. ⓒ 박헌우

어린새에서 1회 겨울깃으로 변환. 홍도. 2009. 09. 14. ⓒ 최창용

번식깃에서 비번식깃으로 변환. 만경강. 2007. 10. 06. ⓒ 채승훈

어린새. 홍도. 2009. 08. 22. ⓒ 최창용

번식깃에서 비번식깃으로 변환. 가거도. 2008. 07. 23. ⓒ 최창용

뒷부리도요

Terek Sandpiper

Xenus cinereus

L 22.5–25.5cm

서식 유라시아대륙 북부에서 번식하고, 아프리카, 인도, 중동, 동남아시아, 호주에서 월동한다. 우리나라에서는 봄·가을에 흔하게 통과하는 나그네새다.

행동 해안의 갯벌, 하구, 하천에서 서식하며 작은 무리를 이룬다. 빠르게 걸어가며, 움직이는 먹이를 쫓아가서 잡아먹는다. 간혹 땅에 부리를 파묻고 먹이를 찾는 경우도 있다. 게를 많이 잡아먹는데 종종 잡은 먹이를 물고 얕은 곳으로 빠르게 이동한 후 씻어 먹는다.

특징 부리는 길고 위로 굽었으며, 기부가 엷은 주황색이다. 다리는 황색이나 엷은 주황색이며, 비교적 짧다.

번식깃, 남양만. 2010. 05. 02. ⓒ 최순규

■ **번식깃** 몸윗면은 회갈색이며, 어깨깃 일부에 흑색 줄무늬가 있다. 날 때 둘째날개깃 끝이 백색으로 보인다. 가슴옆에 흐린 갈색 반점이 있다.

■ **비번식깃** 어깨깃의 흑색 줄무늬가 거의 사라진다.

■ **어린새** 몸윗면에 갈색 기운이 강하며 깃가장자리가 황갈색으로 비늘무늬가 있는 듯하다.

번식깃. 유부도, 2009. 04. 25. ⓒ 김성현

번식깃. 강화도, 2011. 04. 24. ⓒ 박건석

번식깃. 강릉, 2010. 08. 12. ⓒ 박철우

강화도, 2007. 09. 11. ⓒ 박건석

신안. 2010. 04. 28. ⓒ 최순규

뒷부리도요(오른쪽)와 메추라기도요(왼쪽) 번식깃. 흑산도. 2011. 05. 15. ⓒ 박철우

번식깃. 남양만. 2008. 04. 09. ⓒ 심규식

어린새에서 1회 겨울깃으로 변환. 남양만. 2006. 09. 09. ⓒ 심규식

금강 하구. 2009. 05. 12. ⓒ 오동필

257

깝작도요

Common Sandpiper

Actitis hypoleucos

L 20cm

서식 유라시아대륙 북부와 중부에서 번식하고, 아프리카, 중동, 인도, 동남아시아에서 월동한다. 우리나라에서는 흔하게 통과하는 나그네새이며 일부가 전국적으로 번식한다. 겨울에 적은 수가 월동도 한다.

행동 해안가 습지, 하구, 개울에서 서식한다. 하천의 자갈밭 또는 강가의 풀숲 사이에 둥지를 튼다. 밤색 점무늬가 있는 알을 4개 낳으며, 20~23일간 포란한다. 단독으로 생활하며, 머리와 꼬리를 끊임없이 위 아래로 까딱이며 먹이를 찾는다. 이동시 날개를 몸 아래로 약간 늘어뜨린 상태로 빠른 날갯짓으로 수면 위를 소리 없이 낮게 난다.

특징 가슴옆의 백색 무늬가 위쪽 어깨 부분까지 이어진다. 날 때 날개에 큰 백색 줄무늬가 뚜렷하게 보인다. 꼬리는 첫째날개깃 뒤로 길게 돌출된다.

번식깃. 강릉. 2010. 08. 13. ⓒ 박철우

대천. 2005. 08. 17. ⓒ 최순규

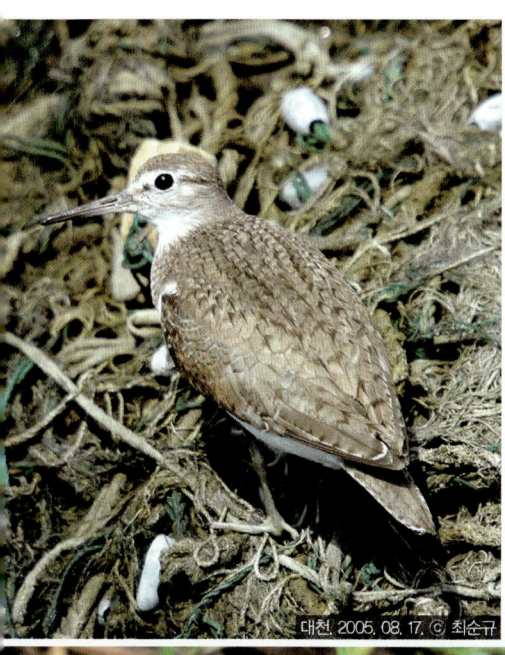

번식깃 몸윗면은 녹갈색이며 깃가장자리에 흑갈색 무늬가 있다. 몸아랫면은 백색이다. 가슴옆으로 폭 넓은 갈색 무늬가 있으며, 폭 좁은 흑갈색 줄무늬가 있다.

비번식깃 몸윗면은 보다 균일한 색으로 바뀌고, 가슴의 갈색 무늬 폭이 좁아지며, 가슴 중앙까지 다다르지 않는다.

어린새 몸윗면에 황갈색과 흑색 무늬가 섞여 있어 날개덮깃의 무늬가 보다 선명하다. 셋째날개깃 가장자리를 따라 황갈색과 흑색 반점이 규칙적으로 흩어져 있다.

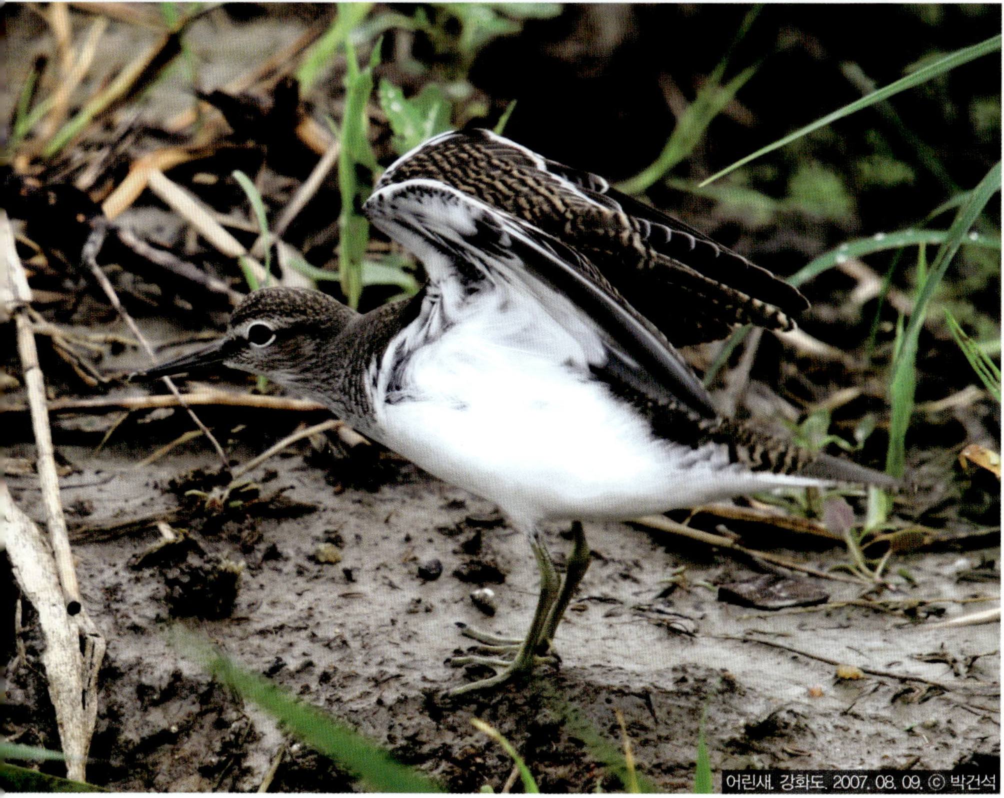

어린새. 강화도. 2007. 08. 09. ⓒ 박건석

어린새. 영덕. 2008. 06. 16. ⓒ 최순규

어린새. 만경강 하구. 2009. 09. 12. ⓒ 채승훈

비번식깃. 흑산도. 2007. 04. 02. ⓒ 박종길

비번식깃. 흑산도. 2009. 01. 28. ⓒ 박종길

어린새. 천수만. 2006. 09. 03. ⓒ 곽호경

백화 개체, 강릉, 2012. 09. 07. ⓒ 박한업

백화 개체, 강릉, 2012. 09. 10. ⓒ 서일성

비번식깃(왼쪽)과 번식깃(오른쪽), 만경강 하구, 2012. 05. 13. ⓒ 박철우

노랑발도요

Grey-tailed Tattler

Heteroscelus brevipes

L 25cm

서식 시베리아 동북부에서 번식하고, 동남아시아, 뉴기니, 호주에서 월동한다. 우리나라에는 봄·가을에 흔히 통과하는 나그네새다.

행동 갯벌, 하구, 하천, 물 고인 논, 모래밭에서 서식하며, 작은 무리를 이루어 곤충류와 갑각류 등 다양한 무척추동물을 잡아먹는다.

특징 몸윗면은 진한 회갈색이며 백색 눈썹선이 있다. 다리는 황색이며 비교적 짧다. 날 때 날개아랫면과 겨드랑이는 회흑색을 띠며, 백색을 띠는 배와 뚜렷하게 구별된다.

번식깃. 만경강 하구. 2007. 05. 24. ⓒ 채승훈

번식깃. 강릉. 2011. 08. 12. ⓒ 박진영

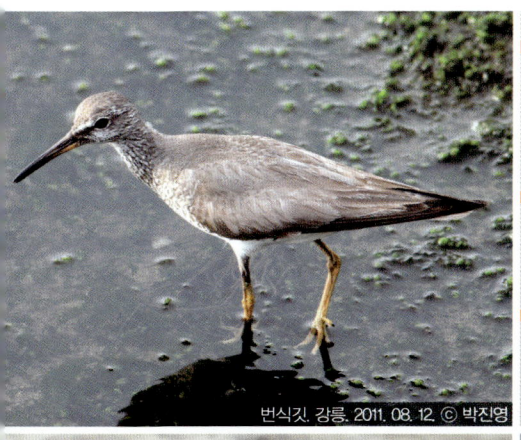

번식깃 멱, 가슴, 옆구리에 흑갈색 물결무늬가 있다. 배 중앙부는 폭넓은 백색을 띠며, 아래꼬리덮깃은 백색에 매우 가는 반점이 몇 개 있을 뿐이다. 아랫부리기부는 황색을 띤다.

비번식깃 몸아랫면에 줄무늬가 없어지며 가슴과 옆구리는 회색 기운이 있다. 백색 눈썹선은 부리기부에서 눈뒤까지 길게 이어진다.

어린새 어미새 비번식깃과 비슷하지만 날개덮깃 가장자리에 작은 백색 반점이 있다. 꼬리깃 가장자리를 따라 작은 백색 반점이 흩어져 있다.

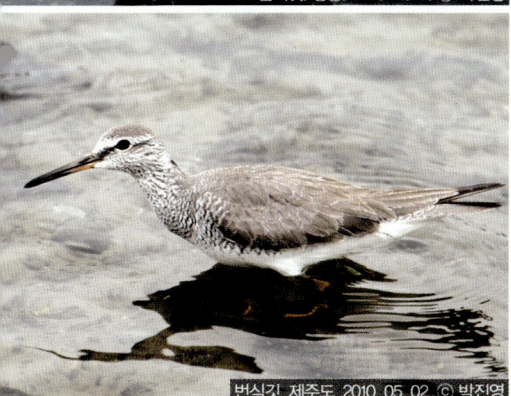

번식깃. 제주도. 2010. 05. 02. ⓒ 박진영

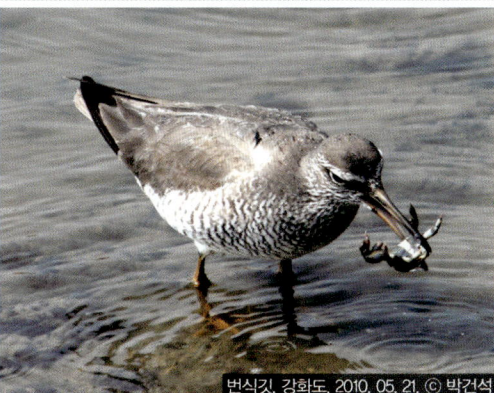

번식깃. 강화도. 2010. 05. 21. ⓒ 박건석

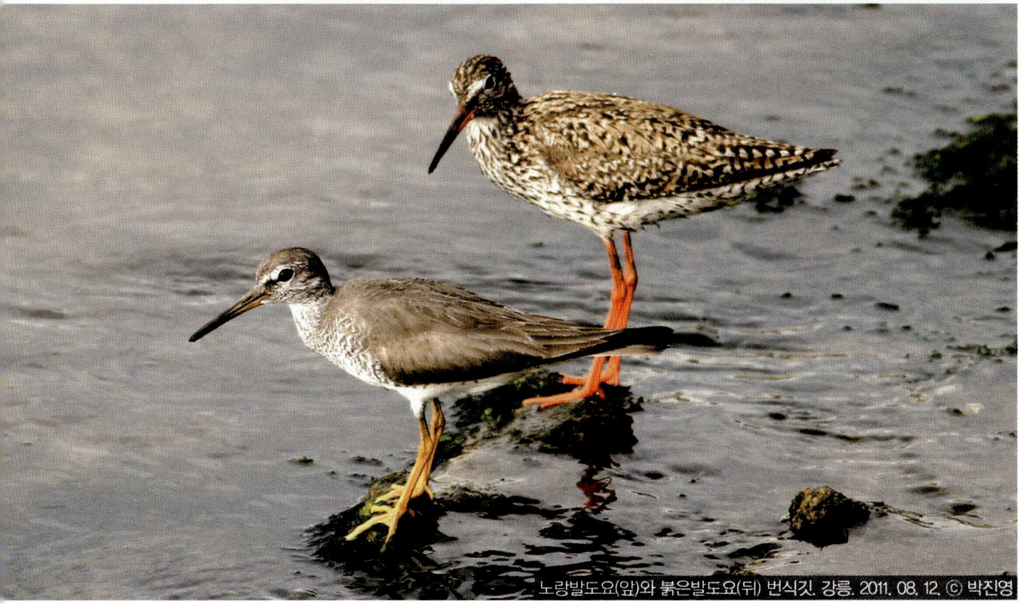
노랑발도요(앞)와 붉은발도요(뒤) 번식깃. 강릉. 2011. 08. 12. ⓒ 박진영

번식깃. 남양만. 2010. 05. 02. ⓒ 최순규

노랑발도요 번식깃과 민물도요 3개체. 남해군 석평리. 2011. 05. 07. ⓒ 박종길

어린새. 유부도. 2006. 09. 09. ⓒ 심규식

붉은어깨도요(왼쪽), 노랑발도요(가운데), 꼬까도요(오른쪽). 강릉. 2011. 08. 21. ⓒ 박진영

어린새. 포항. 2010. 10. 03. ⓒ 박진영

어린새. 울릉도. 2009. 08. 30. ⓒ 박영욱

*어린새. 아야진. 2011. 08. 28. ⓒ 박철우

꼬까도요

Ruddy Turnstone

Arenaria interpres

L 22cm

서식 유라시아대륙 북부, 북미 북부의 툰드라지대에서 번식하고, 아프리카, 남아시아, 오세아니아, 중남미에서 월동한다. 우리나라에서는 봄·가을에 비교적 흔하게 통과한다.

행동 바위가 있는 해안, 갯벌, 하구, 염전에서 서식하며, 갯지렁이, 곤충류, 게 등을 찾아낸다. 작은 무리를 이루어 생활하는 경우가 많지만 먹이를 찾을 때는 여기 저기 흩어져 행동한다. 물가, 해초, 작은 돌을 부리로 들추어 속에 숨어 있는 곤충과 다른 무척추동물을 잡아먹는다.

특징 다리가 짧고 땅딸막한 체형이다. 머리는 백색에 흑색 줄무늬가 있다. 몸윗면은 밤색과 흑색이 섞여 있으며 날 때 날개에 뚜렷한 백색 줄무늬가 보인다. 등, 허리, 꼬리 기부가 백색으로 다른 종과 혼동할 가능성이 없다.

수컷 번식깃. 천수만. 2005. 05. 02. ⓒ 최순규

■ **암컷** 머리에 갈색 기운이 강하고 몸윗면의 밤색 기운이 약해 수컷보다 흐린 색을 띤다.

■ **비번식깃** 얼굴에서 몸윗면까지 전체적으로 어두운 갈색 기운이 있다.

■ **어린새** 비번식깃과 비슷하지만 몸윗면은 적갈색 기운이 있으며, 깃가장자리가 넓은 색으로 비늘무늬를 이룬다.

번식깃. 강릉. 2011. 08. 26. ⓒ 박진영

암컷 번식깃. 남양만. 2010. 05. 02. ⓒ 최순규

어린새, 강릉, 2005. 08. 28. ⓒ 최순규

어린새, 강릉, 2010. 08. 31. ⓒ 임광완

수컷 번식깃. 강릉. 2011. 08. 12. ⓒ 박진영

수컷 번식깃. 몽골. 2012. 06. 16. ⓒ 박진영

어린새. 아야진. 2010. 09. 05. ⓒ 박철우

붉은어깨도요

Great Knot

Calidris tenuirostris

L 28cm

서식 시베리아 북동부에서 번식하고, 인도, 동남아시아, 호주에서 월동한다. 우리나라에서는 봄·
가을 이동시기에 큰 무리를 이루어 통과한다.

행동 갯벌과 하구에서 서식한다. 항상 무리를 이루어 행동하며 단독으로 생활하는 경우는 거의 없
다. 갯지렁이, 조개류, 갑각류 등을 먹는다.

특징 부리가 머리 길이보다 길다. 몸윗면은 흑갈색이며 번식깃에는 어깨에 적갈색 무늬가 있지만
먼 거리에서 잘 보이지 않는다. 가슴에 흑색 반점이 있다. 날 때 허리의 백색이 보인다.

마모된 번식깃, 강릉. 2010. 08. 12. ⓒ박철우

번식깃에서 비번식깃으로 변환. 유부도. 2006. 09. 09. ⓒ 채승훈

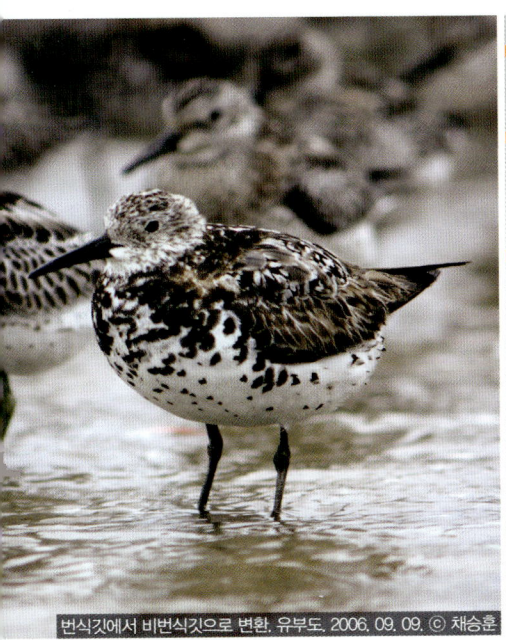

비번식깃 몸윗면은 회색을 띠며 가슴과 옆구리의 흑색 무늬가 뚜렷하다.

어린새 몸윗면의 깃가장자리는 백색이다. 어깨깃은 어두운 갈색으로 보이며 가슴의 흑색 반점은 어미새보다 약하다.

실태 국제자연보전연맹의 적색목록에 취약(VU)으로 등재된 국제적인 멸종위기종이다. 전 세계 집단은 290,000개체로 추정해 다른 멸종위기종에 비해 비교적 개체수가 많은 편이지만 서식지의 파괴로 인한 개체수 감소가 심각한 상황이라서 멸종위기종에 포함되었다.

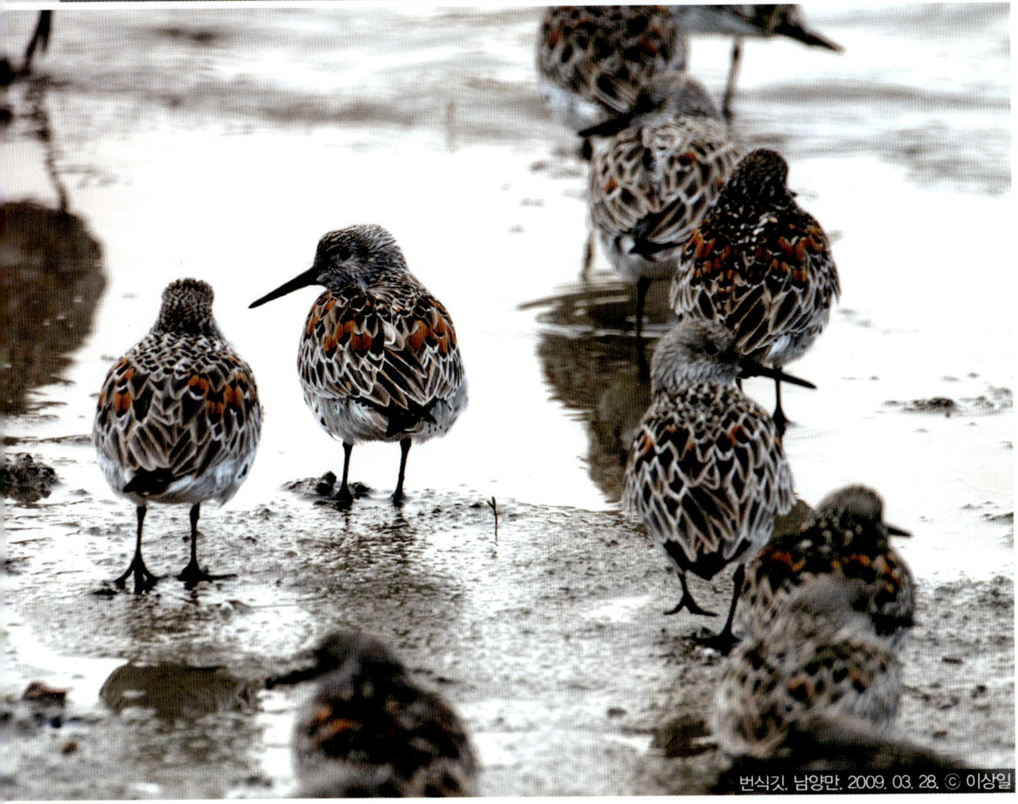

번식깃. 남양만. 2009. 03. 28. ⓒ 이상일

번식깃에서 비번식깃으로 변환. 남양만. 2008. 08. 19. ⓒ 심규식

어린새. 만경강 하구. 2012. 09. 14. ⓒ 오동필

어린새. 강릉. 2010. 08. 21. ⓒ 이상일

어린새. 강릉. 2010. 08. 31. ⓒ 임광완

어린새. 만경강 하구. 2010. 09. 24. ⓒ 오동필

어린새. 강릉. 2010. 08. 12. ⓒ 박철우

어린새. 유부도. 2006. 09. 10. ⓒ 채승훈

번식깃. 남양만. 2009. 04. 12. ⓒ 이상일

번식깃, 영종도, 2010. 05. 14. ⓒ 최창용

붉은가슴도요

Red Knot

Calidris canutus

L 23.5cm

서식 시베리아 북부, 북미 북부, 그린란드에서 번식하고, 서유럽, 아프리카, 호주, 남미에서 월동한다. 우리나라에서는 봄·가을에 비교적 적은 수가 무리를 이루어 통과한다.

행동 갯벌과 하구에서 서식한다. 붉은어깨도요 무리에 섞여 이동하는 경우가 많다.

특징 약간 통통한 체형이다. 부리는 곧고 약간 두꺼우며, 부리길이는 머리길이와 비슷하거나 짧다.

번식깃. 천수만. 2007. 04. 12. ⓒ 김신환

■ **번식깃** 몸윗면은 흑갈색에 갈색 반점이 있으며 깃 가장자리가 백색이다. 얼굴에서 배까지 선명한 적 갈색이다. 배 아래쪽에서 아래꼬리덮깃까지 백색을 띠며, 흑갈색 반점이 있다.

■ **비번식깃** 몸윗면은 엷은 회갈색이며 깃축이 흑색이 고 깃가장자리는 백색이다. 몸아랫면은 백색이며 가슴옆과 옆구리에 반점이 있다.

■ **어린새** 비번식깃과 비슷하지만 등과 어깨는 깃가장 자리에 흑색 띠가 있고 깃끝이 백색으로 비늘무늬 를 만든다.

■ **닮은종**
● **붉은어깨도요** 몸이 크고, 부리가 머리길이보다 약간 길다.

번식깃. 남양만. 2010. 05. 02. ⓒ 최순규

번식깃. 천수만. 2007. 04. 12. ⓒ 김신환

어린새. 강릉. 2010. 09. 18. ⓒ 박한업

어린새. 아야진. 2007. 08. 25. ⓒ 박철우

번식깃. 남양만. 2008. 04. 06. ⓒ 심규식

붉은가슴도요 어린새(왼쪽)와 붉은어깨도요
(오른쪽, 뒤). 유부도. 2006. 09. 10. ⓒ 심규식

붉은가슴도요 번식깃 2개체(중앙)와 붉은어깨도요
(주변 전체). 남양만. 2007. 04. 20. ⓒ 심규식

붉은가슴도요(오른쪽 끝)와 붉은어깨도요 번식깃. 남양만. 2007. 04. 19. ⓒ 심규식

어린새. 강릉. 2010. 09. 18. ⓒ 박한업

어린새. 아야진. 2007. 08. 25. ⓒ 박철우

어린새. 강릉. 2010. 09. 10. ⓒ 곽호경

세가락도요

Sanderling

Calidris alba

L 18–20cm

서식 시베리아 중부, 북미 북부, 그린란드의 북극해 연안에서 번식하고, 중동, 아프리카, 동남아시아, 호주, 남미에서 월동한다. 우리나라에서는 봄·가을 이동시기에 무리를 이루어 흔히 통과하며 일부는 해안, 하구 등지에서 월동한다.

행동 해안의 모래밭, 갯벌, 하구에서 서식한다. 이동시기에 수십에서 수백 마리가 무리를 이루어 날아다니는 모습이 민물도요와 흡사하다. 여러 마리가 무리를 이루어 바닷물과 만나는 갯벌, 모래밭 등지를 빠르게 걷거나 뛰면서 조개류, 갑각류를 잡는다.

특징 번식깃의 머리, 가슴, 몸윗면은 적갈색이다. 다리는 흑색이며 짧고 뒷발가락이 없다. 비번식깃의 몸윗면은 회백색으로 민물도요의 회갈색과 쉽게 구별된다.

번식깃, 포항, 2012. 05. 03. ⓒ 김동원

■ **어린새** 익각 부분에 흑색 무늬가 뚜렷하다. 몸윗면은 백색과 흑색의 복잡한 무늬가 흩어져 있다. 몸아랫면은 완전히 백색이며 가슴옆에 갈색 기운이 있다.

■ **닮은종**
- 민물도요 부리가 길고 직선이다. 비번식깃의 경우 어깨에 흑색 무늬가 없다.
- 좀도요 몸이 더 작다. 뒷발가락이 있다. 어깨 부분에 흑색 무늬가 없다. 비번식깃은 몸윗면이 회갈색으로 진하다.

비번식깃에서 번식깃으로 변환. 낙동강 하구. 2012. 05. 06. ⓒ 정민욱

번식깃. 강릉. 2004. 05. 03. ⓒ 최순규

번식깃에서 비번식깃으로 변환. 유부도. 2010. 08. 20. ⓒ 김신환

비번식깃에서 번식깃으로 변환. 포항. 2012. 05. 03. ⓒ 김동원

번식깃에서 비번식깃으로 변환 중인 세가락도요(왼쪽)와 민물도요 번식깃(오른쪽). 강릉. 2011. 08. 12. ⓒ 박진영

어린새에서 1회 겨울깃으로 변환. 포항. 2010. 10. 03. ⓒ 박진영

비번식깃. 고성. 2011. 01. 26. ⓒ 박건석

번식깃에서 비번식깃으로 변환. 강릉. 2011. 08. 21. ⓒ 박진영

비번식깃. 아야진. 2009. 01. 16. ⓒ 박철우

번식깃에서 비번식깃으로 변환. 강릉. 2010. 08. 12. ⓒ 박철우

번식깃에서 비번식깃으로 변환. 강릉. 2010. 08. 16. ⓒ 박철우

번식깃에서 비번식깃으로 변환. 강릉. 2010. 09. 05. ⓒ 박철우

번식깃에서 비번식깃으로 변환. 강릉. 2010. 08. 29. ⓒ 박한업

비번식깃. 포항. 2009. 11. 15. ⓒ 박형욱

비번식깃. 포항. 2012. 01. 18. ⓒ 최순규

비번식깃. 아야진. 2009. 01. 14. ⓒ 박철우

어린새. 흑산도. 2007. 09. 02. ⓒ 박종길

어린새. 유부도. 2009. 09. 19. ⓒ 채승훈

번식깃에서 비번식깃으로 변환. 강릉. 2010. 08. 29. ⓒ 박한업

좀도요

Red−necked Stint

Calidris ruficollis

L 15cm

도요과 | Scolopacidae

서식 시베리아 북부의 타이미르반도, 레나천 하구, 베링해 연안, 알래스카 북서부에서 번식하고, 동남아시아, 호주, 뉴질랜드에서 월동한다. 우리나라에서는 흔하게 통과하는 나그네새다.

행동 염전, 논, 갯벌, 하구에서 집단을 이루어 행동한다. 만조 시에 갯벌이 사라지면 활기 있는 날갯짓으로 불규칙하게 날면서 염전과 논으로 이동하는데, 보통 민물도요와 혼성한다.

특징 가로로 긴 통통한 체형이다. 머리, 가슴, 등은 적갈색이다. 부리가 짧으며, 짧은 다리는 흑색이다. 첫째날개깃이 꼬리 뒤로 돌출된다.

번식깃. 강릉. 2010. 04. 29. ⓒ 박철우

번식깃. 신안. 2010. 04. 28. ⓒ 최순규

번식깃. 서천. 2008. 04. 27. ⓒ 채승훈

■ **번식깃** 몸윗면은 어깨깃까지 적갈색인 반면에 날개덮깃과 셋째날개깃은 다소 흐린 회갈색(작은도요처럼 적갈색이 아니다)이며 깃가장자리는 폭 좁은 백색이다. 셋째날개깃의 흑색 축반이 엷으며 깃가장자리와의 경계가 불명확하다.

■ **비번식깃** 작은도요와 구별이 힘들다. 몸윗면은 회갈색이며 깃축은 폭이 좁은 흑색이다.

■ **어린새** 어미새와 비슷하지만 얼굴과 가슴에 적갈색이 거의 없다. 아래어깨에는 흑색 닻모양이 있으며 깃끝은 백색이다. 날개덮깃과 셋째날개깃은 회갈색이다. 정수리에 흑갈색 줄무늬가 있다.

■ **닮은종**
● **작은도요** 부리가 약간 가늘고 길다. 다리가 길다. 셋째날개깃의 흑색 축반이 진하며, 깃가장자리와의 경계가 명확하다. 번식깃은 멱이 백색이다. 셋째날개깃의 깃가장자리가 적갈색이다. 비번식깃은 몸윗면의 갈색이 강하다.
● **흰꼬리좀도요** 다리는 황록색이다. 몸윗면의 회갈색이 진하다.

비번식깃에서 번식깃으로 변환. 어청도. 2011. 05. 17. ⓒ 채승훈

293

번식깃에서 비번식깃으로 변환. 당진. 2006. 08. 01. ⓒ 최순규

번식깃에서 비번식깃으로 변환. 강릉. 2010. 08. 16. ⓒ 박철우

어린새. 유부도. 2009. 09. 20. ⓒ 심규식

어린새. 만경강 하구. 2011. 09. 08. ⓒ 오동필

어린새. 강릉. 2005. 09. 10. ⓒ 최순규

어린새, 강화도, 2005. 09. 02. ⓒ 박건석

어린새, 강화도, 2005. 09. 02. ⓒ 박건석

어린새, 만경강 하구, 2008. 10. 12. ⓒ 채승훈

어린새. 아야진. 2009. 09. 06. ⓒ 박철우

만경강 하구. 2011. 09. 08. ⓒ 오동필

작은도요

Little Stint

Calidris minuta

L 12-14cm

서식 스칸디나비아반도 북부, 시베리아에서 번식하고, 아프리카, 남유럽, 아라비아반도, 인도해
안에서 월동한다. 우리나라에서는 1996년 10월 12일 경기도 화성군 운평리 염전에서 1개체,
2005년 5월 19일과 2008년 4월 16일에 전남 흑산도에서 각각 1개체씩 관찰되는 등 드물게 기
록되는 길잃은새다. 주로 4~5월과 8~10월에 관찰되고 있다.

행동 좀도요의 무리에 섞여 다양한 무척추동물을 먹는다.

특징 좀도요와 매우 비슷하다. 좀도요에 비해 부리가 약간 가늘고 길게 보이며, 부리 끝이 더 뾰족
하다. 다리는 흑색이고 길다. 몸이 약간 짧고 마른 느낌이다.

번식깃. 흑산도. 2005. 05. 19. ⓒ 박종길

■ **번식깃** 얼굴, 등, 날개가 모두 적갈색이다. 멱은 백색이다(좀도요는 적갈색이다). 셋째날개깃 가장자리가 적갈색이다.

■ **비번식깃** 좀도요와 매우 비슷하다. 몸윗면의 회갈색이 좀도요보다 진하다. 어깨깃과 날개덮깃의 흑색 축반이 더 넓다(그러나 좀도요처럼 좁은 경우도 있다). 가슴옆의 회갈색 어두운 무늬가 좀도요보다 크다.

■ **어린새** 날개덮깃과 셋째날개깃은 흑색에 깃가장자리가 적갈색이다. 윗쪽 어깨깃의 백색 가장자리는 등과 만나는 곳에서 명확하게 V 자모양을 이룬다.

■ **닮은종**
● **좀도요** 부리가 약간 굵고 짧게 보인다. 다리가 약간 짧다. 셋째날개깃의 흑색 축반이 엷고 깃가장자리와의 경계가 불명확하다.

어린새. 강릉. 2010. 09. 10. ⓒ 최순규

어린새. 강릉. 2010. 09. 10. ⓒ 최순규

작은도요(왼쪽)와 좀도요(오른쪽) 번식깃. 흑산도. 2005. 05. 19. ⓒ 박종길

좀도요(왼쪽)와 작은도요(오른쪽) 어린새. 강릉. 2010. 09. 10. ⓒ 곽호경

어린새. 강릉. 2010. 09. 10. ⓒ 곽호경

어린새. 울릉도. 2009. 08. 31. ⓒ 박영욱

흰꼬리좀도요

Temminck's Stint

Calidris temminckii

L 14.5cm

서식 유라시아대륙 북부 연안에서 번식하고, 아프리카 중부, 인도, 동남아시아에서 월동한다. 우리 나라에서는 봄·가을에 비교적 드물게 통과한다.

행동 물 고인 논, 하천, 습지, 호수 등에서 서식하며 갯벌로 이동하는 경우는 거의 없다. 단독 또는 작은 무리를 이룬다. 습지에서 부리를 지면에 대고 쿡쿡 찌르며 유충, 조개류, 갑각류를 잡는 다.

특징 몸윗면은 회갈색 기운이 강하며 어깨깃은 엷은 적갈색과 흑색 무늬가 있다. 다리는 엷은 황록 색이다. 가슴에 회갈색과 황갈색 기운이 있다. 외측 꼬리깃은 백색이다. 대부분 날개는 꼬리 뒤로 돌출되지 않는다.

번식깃. 2011. 05. 14. ⓒ 박영욱

비번식깃에서 번식깃으로 변환. 제주도. 2003. 05. © 강창완

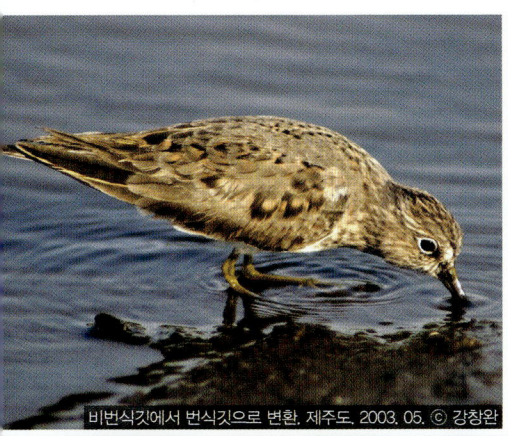

비번식깃 몸윗면은 균일한 회갈색이며 가슴에는 어두운 회갈색 기운이 있다. 몸윗면과 머리에서 가슴까지 회갈색이다.

어린새 어깨와 날개덮깃의 깃끝 부분에 흑색 줄무늬가 있으며 깃가장자리는 백색으로 비늘무늬가 있다.

닮은종

- **좀도요** 몸윗면이 적갈색 기운이 강하다. 다리가 흑색이다. 날개는 꼬리 뒤로 돌출된다. 외측꼬리깃은 회색이다.

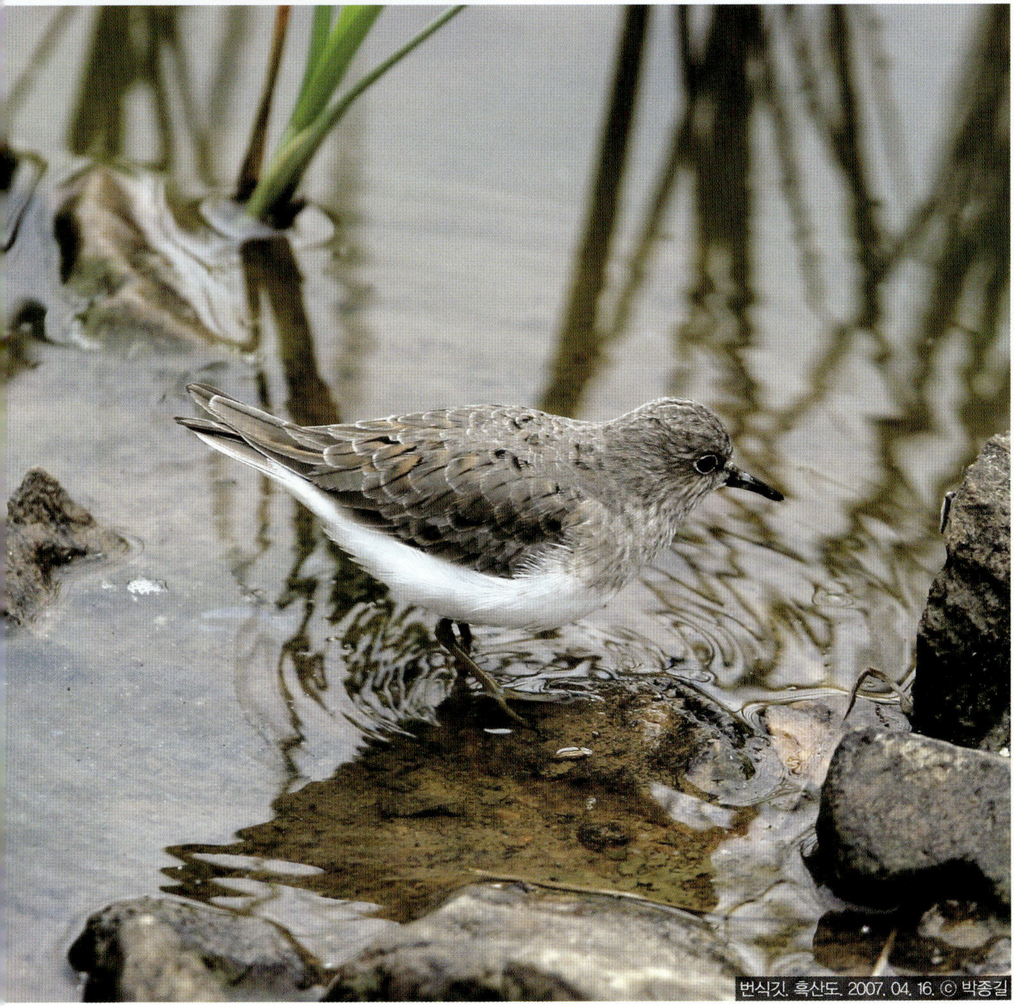

번식깃. 흑산도. 2007. 04. 16. © 박종길

비번식깃에서 번식깃으로 변환. 2008. 04. 12. ⓒ 박한업

비번식깃에서 번식깃으로 변환. 인천 송도. 2008. 04. 09. ⓒ 박한업

어린새. 2005. 10. 08. ⓒ 김신환

비번식깃. 제주도. 1999. 10. 05. ⓒ 강창환

어린새. 강릉. 2010. 09. 20. ⓒ 박철우

어린새. 강릉. 2010. 09. 20. ⓒ 박철우

어린새. 강릉. 2010. 09. 10. ⓒ 최순규

어린새. 2008. 10. 02. ⓒ 김신환

어린새에서 1회 겨울깃으로 변환. 군산. 2012. 10. 17. ⓒ 오동필

강화도. 2007. 10. 19. ⓒ 박건석

종달도요

Long-toed Stint

Calidris subminuta

L 14.5–16cm

서식 시베리아 중부에서 캄차카반도까지 번식하고, 동남아시아, 호주에서 월동한다. 우리나라에는 나그네새로 흔하게 찾아온다.

행동 놀랐을 때 다른 도요보다 몸을 더 추켜세운다. 물 고인 습지와 논에서 작은 무리를 이룬다. 긴 다리를 약간 절며 꽁무니를 위로 향하게 하고 습지, 논을 거닐며 유충, 조개류, 갑각류를 먹는다.

특징 메추라기도요 축소판과 같다. 가늘고 짧은 부리(좀도요보다 가늘고 길다)는 아랫부리기부는 색이 연하다. 다리는 황록색이다. 가운데발가락은 부리보다 길고 부척보다 약간 짧다. 가슴옆은 다소 진하고 뚜렷한 줄무늬가 있다. 백색 눈썹선이 명확다. 앞이마의 흑색 선은 부리기부까지 다다른다. 눈앞이 어둡다. 날 때 발가락은 꼬리 뒤로 약간 돌출된다. 첫째날개깃이 길지 않다.

번식깃. 강화도. 2012. 05. 10. ⓒ 박건석

■ **번식깃** 정수리는 적갈색이며, 가는 흑갈색 줄무늬가 있다. 몸윗면의 깃가장자리는 적갈색이며 특히 셋째날개깃의 적갈색이 폭넓다. 번식깃이 마모되면 몸윗면이 어둡게 보이는 개체도 있다.

■ **비번식깃** 몸윗면은 적갈색 기운이 사라지고 어두운 회색으로 변하며, 어깨깃에 깃축을 중심으로 폭넓은 흑색이 있다.

■ **어린새** 번식깃과 비슷하지만 가슴의 줄무늬가 가늘다. 등깃의 가장자리가 백색으로 V 자형을 이룬다. 백색 눈썹선은 크고 번식깃보다 더 선명하다.

■ **닮은종**
● **메추라기도요** 몸이 크다. 대개 첫째날개깃이 꼬리보다 돌출된다. 번식깃은 머리꼭대기의 적갈색이 강하며, 가슴과 옆구리의 반점 무늬가 뚜렷하다.

번식깃. 남양만. 2009. 04. 30. ⓒ 심규식

번식깃. 제주도. 2010. 04. 30. ⓒ 박한업

번식깃. 강화도. 2007. 05. 08. ⓒ 박건석

번식깃. 천수만. 2010. 07. 19. ⓒ 권경숙

번식깃. 천수만. 2005. 05. 08. ⓒ 김신환

번식깃. 강화도. 2009. 05. 01. ⓒ 박건석

마모된 번식깃, 제주도, 2008. 07. 21. ⓒ 강창완

마모된 번식깃, 수원, 2005. 08. 14. ⓒ 심규식

번식깃, 천수만, 2010. 07. 19. ⓒ 권경숙

어린새, 강화도, 2011. 09. 19. ⓒ 박건석

어린새. 천수만. 2010. 09. 12. ⓒ 김신환

어린새. 흑산도. 2006. 08. 26. ⓒ 박종길

어린새. 울릉도. 2009. 08. 31. ⓒ 박영욱

어린새. 울릉도. 2009. 08. 31. ⓒ 박영욱

어린새. 청주. 2006. 10. 01. ⓒ 최순규

어린새. 홍도. 2006. 08. 19. ⓒ 김성현

어린새. 청주. 2006. 10. 01. ⓒ 최순규

아메리카메추라기도요

Pectoral Sandpiper

Calidris melanotos

L 22cm

서식 시베리아와 북미의 북부 지역에서 번식하고, 남미와 호주에서 월동한다. 우리나라에서는 봄·가을 이동시기에 매우 희귀하게 통과한다.

행동 물 고인 논, 습지에 서식하며, 갯벌로 이동하는 경우는 드물다.

특징 몸윗면은 흑갈색으로 메추라기도요와 비슷하다. 가슴의 흑갈색 줄무늬(V 자형이 아닌 뾰족한 창과 같은 형태)는 배의 백색과 경계가 명확하다. 부리가 길며 다소 아래로 굽었다. 부리기부는 살색을 띠는 황색이다. 머리꼭대기의 적갈색은 메추라기도요보다 약하며 흑색 줄무늬가 진하다.

어린새. 청주. 2008. 10. 04. ⓒ 최순규

어린새. 제주도, 2008. 10. 20. ⓒ 강창완

비번식깃 몸윗면의 적갈색 기운이 현저히 줄어든다. 가슴옆에 가는 줄무늬가 희미하게 남아 있지만 메추라기도요처럼 V 자형을 띠지 않는다.

어린새 어미새 비번식깃과 비슷하며, 등과 날개덮깃에 적갈색 기운이 강하다.

어린새. 청주, 2008. 10. 04. ⓒ 최순규

메추라기도요

Sharp-tailed Sandpiper

Calidris acuminata

L 21.5cm

서식 시베리아 북동부에서 번식하고, 뉴기니, 호주, 뉴질랜드에서 월동한다. 우리나라에서는 봄·가을에 흔하게 통과하며 봄에 더 많은 수가 관찰된다.

행동 주로 물 고인 논, 습지에 내려 앉아 다양한 무척추동물과 곤충류, 거미류를 먹는다. 단독으로 움직이기보다는 무리를 이루어 이동한다. 봄에는 주로 논에서 많이 관찰되지만 가을에는 논에 물이 없는 경우가 많아 갯벌에서 관찰되는 경우도 있다.

특징 몸윗면은 적갈색 기운이 강하며 특히 머리꼭대기의 적색이 강하게 보인다. 부리는 약간 아래로 향했으며, 부리기부는 녹황색이다. 가슴의 줄무늬는 배까지 이어지며 옆구리에 V 자모양의 무늬가 있다. 아래꼬리덮깃에도 일부 흑갈색 줄무늬가 있다. 백색 눈썹선은 불명확하게 보인다.

번식깃. 평택. 2006. 05. 16. ⓒ 최순규

비번식깃에서 번식깃으로 변환. 제주도. 2008. 05. 14. ⓒ 강창완

■ **비번식깃** 번식깃과 비슷하지만 몸윗면에 적갈색 기운이 거의 사라진다. 몸아랫면의 V 자형 줄무늬도 약해진다.

■ **어린새** 어미새 번식깃과 비슷하지만 가슴과 옆구리에 V 자형 무늬가 없다. 특히 옆구리에 줄무늬가 없다. 가슴은 황갈색이 진하다.

■ **닮은종**
● 아메리카메추라기도요 몸윗면의 적갈색 기운이 약하다. 가슴의 흑갈색 줄무늬와 배의 백색 부분과의 경계가 뚜렷하다. 부리가 길며 아래로 더욱 굽었다. 머리꼭대기의 적갈색 기운이 약하다.

번식깃. 제주도. 2009. 05. 03. ⓒ 강창완

번식깃. 천수만. 2009. 04. 23. ⓒ 김신환

강화도. 2009. 05. 19. ⓒ 박건석

번식깃. 강릉. 2010. 04. 29. ⓒ 박철우

비번식깃에서 번식깃으로 변환. 제주도. 2010. 04. 16. ⓒ 박한업

마모된 번식깃, 남양만, 2011. 10. 09. ⓒ 심규식

어린새, 만경강 하구, 2008. 10. 03. ⓒ 채승훈

강화도, 2012. 05. 09. ⓒ 박건석

붉은갯도요

Curlew Sandpiper

Calidris ferruginea

L 21.5cm

서식 시베리아 북부에서 번식하고, 아프리카, 인도, 동남아시아, 호주에서 월동한다. 우리나라에서는 봄·가을에 통과하는 흔하지 않은 나그네새이다.

행동 갯벌, 하구, 물 고인 논, 염전 등 다양한 해안가 습지에서 서식한다. 주로 갯벌의 물이 고인 곳이나 습한 모래땅에서 바쁘게 돌아다니며 부리로 조개류와 갑각류를 잡는다. 갯지렁이를 먹을 때는 가만히 서서 구멍에 부리를 넣어 꺼내먹는다.

특징 민물도요와 비슷한 형태이지만 부리는 길며 아래로 굽었다.

번식깃. 강릉. 2010. 04. 29. ⓒ 박철우

번식깃, 몽골, 2009. 06. 17. ⓒ 이상일

번식깃, 홍도, 2007. 05. 10. ⓒ 김성현

번식깃, 홍도, 2007. 05. 10. ⓒ 김성현

비번식깃에서 번식깃으로 변환, 흑산도, 2007. 05. 06. ⓒ 박종길

번식깃. 흑산도. 2011. 05. 01. ⓒ 박진영

어린새. 강릉. 2010. 09. 20. ⓒ 박철우

어린새. 강릉. 2010. 09. 10. ⓒ 최순규

번식깃. 강릉. 2010. 04. 29. ⓒ 박철우

붉은갯도요(왼쪽)와 메추라기도요(오른쪽) 번식깃. 강릉. 2010. 04. 29. ⓒ 박철우

번식깃. 강릉. 2010. 04. 29. ⓒ 박철우

번식깃. 강릉. 2010. 04. 29. ⓒ 박철우

민물도요

Dunlin

Calidris alpina

L 21cm

서식 유라시아와 북미의 북극해 연안에서 번식하고, 중국 남부, 일본, 중동, 지중해 연안, 북미 동서 해안, 우리나라에서 월동한다. 지리적으로 9 또는 10아종으로 나눈다. 우리나라를 찾는 아종 대부분은 러시아의 콜리마 강에서 추코츠키반도에서 번식하는 민물도요(*C. a. sakhalina*)이 며, 알래스카 서북부와 북부, 캐나다 서북부에서 번식하는 북방민물도요(*C. a. arcticola*), 알 래스카 서부와 남부에서 번식하는 큰민물도요(*C. a. pacifica*)가 드물게 도래한다. 오호츠크해 북부에서 캄차카반도, 쿠릴열도 북부에서 번식하는 민물도요 아종(*C. a. kistchinskii*)도 분포 권으로 판단할 때 일부 찾아오는 것으로 추정되지만 아직까지 공식적인 기록은 없다. 우리나 라에서는 흔하게 통과하는 나그네새이며 일부는 큰 무리를 이루어 갯벌과 하구에서 월동한다.

행동 해안의 갯벌, 염전, 논에서 서식하며, 흔히 큰 무리를 이루어 먹이를 찾는다. 비교적 빠르게 움 직이며 조개류, 갑각류, 갯지렁이를 잡아먹는다.

특징 아종에 따라 부리의 길이와 몸윗면의 색이 다르다. 비번식깃의 경우 부리가 긴 아종은 붉은갯 도요와 혼동될 수 있다.

번식깃. 강릉. 2010. 08. 12. ⓒ 박철우

■ **번식깃** 몸윗면은 적갈색이며 흑갈색 반점이 흩어져 있다. 배에 큰 흑색 반점이 있다. 부리는 길며 약간 아래로 굽어 있다. 날 때 날개 위의 백색 줄무늬가 뚜렷하게 보인다.

■ **비번식깃** 몸윗면은 전체적으로 회갈색이며 몸아랫면은 균일한 백색이다.

■ **어린새** 몸윗면은 전체적으로 흑갈색이며 깃가장자리가 황갈색이다. 가슴에 엷은 갈색 기운이 있으며 가슴에서 배까지 줄무늬가 있다.

■ **닮은종**
● **붉은갯도요 비번식깃** 부리가 길며 약간 더 아래로 굽었다. 날 때 허리의 백색이 뚜렷하게 보인다. 어린새는 가슴에 황갈색 기운이 강하고 등과 날개깃에 비늘무늬가 뚜렷하다.

번식깃. 천수만. 2012. 07. 17. ⓒ 권경숙

번식깃. 강릉. 2011. 08. 12. ⓒ 박진영

부분 백화 개체. 낙동강 하구. 2005. 06. 04. ⓒ 최종수

번식깃. 남양만. 2007. 04. 19. ⓒ 심규식

어린새에서 1회 겨울깃으로 변환. 흑산도. 2008. 10. 07. ⓒ 박종길

어린새에서 1회 겨울깃으로 변환. 곰소만. 2011. 10. 28. ⓒ 오동필

번식깃에서 비번식깃으로 변환. 강릉. 2010. 09. 05. ⓒ 박철우

비번식깃. 천수만. 2010. 01. 07. ⓒ 박현우

비번식깃. 강화도. 2007. 10. 26. ⓒ 박건석

비번식깃. 천수만. 2010. 02. 07. ⓒ 박철우

어린새에서 1회 겨울깃으로 변환. 영덕. 2005. 09. 09. ⓒ 최순규

어린새. 강릉. 2010. 09. 10. ⓒ 최순규

어린새. 강릉. 2010. 09. 10. ⓒ 최순규

비번식깃. 천수만. 2010. 02. 07. ⓒ 채승훈

번식깃에서 비번식깃으로 변환. 유부도. 2006. 09. 10. ⓒ 심규식

어린새에서 1회 겨울깃으로 변환. 시화호. 2010. 09. 09. ⓒ 임광완

어린새에서 1회 겨울깃으로 변환. 시화호. 2009. 10. 27. ⓒ 임광완

어린새. 강릉. 2011. 10. 08. ⓒ 박진영

비번식깃. 시화호. 2007. 10. 27. ⓒ 임광완

넓적부리도요

멸종위기종 I급. IUCN 범주_위급(CR)

Spoon–billed Sandpiper

Eurynorhynchus pygmeus

L 15cm

서식 베링해 연안의 추크치반도와 캄차카반도에서 번식하고, 인도 동부, 방글라데시, 말레이반도 등 동남아시아에서 월동한다. 우리나라에서는 봄·가을에 극히 작은 수가 통과한다. 가을 이동시기에 비교적 빈번하게 관찰되는데 과거 만경강 하구와 동진강 하구에서 200-300개체가 관찰되기도 했다.

행동 갯벌, 모래해안, 하구에서 생활한다. 부리를 지면에 대고 좌우로 움직이며 수서곤충을 빨아들여 먹는 독특한 행동을 한다. 가을 이동시기에 민물도요, 좀도요 무리에 섞이는 경우가 많다.

특징 부리 끝이 주걱모양이어서 다른 종과 혼동할 가능성이 없다. 머리에서 목까지 적갈색이며, 몸 윗면은 적갈색에 깃가장자리가 황갈색을 띤다.

번식깃. 낙동강 하구. 2004. 08. 14. ⓒ 최종수

어린새에서 1회 겨울깃으로 변환, 유부도, 2007. 09. 28. ⓒ 김신환

어린새, 낙동강 하구, 2005. 09. 25. ⓒ 김화연

어린새, 강릉, 2003. 09. 16. ⓒ 최순규

어린새에서 1회 겨울깃으로 변환, 유부도, 2007. 09. 28. ⓒ 김신환

어린새, 제주도, 2010. 09. 24. ⓒ 박한업

어린새, 강릉, 2003. 09. 16. ⓒ 최순규

어린새. 낙동강 하구. 2007. 09. 20. ⓒ 김범수

어린새. 유부도. 2009. 09. 19. ⓒ 채승훈

송곳부리도요

Broad—billed Sandpiper
Limicola falcinellus
L 17cm

서식 스칸디나비아반도 북부와 러시아 서북부, 시베리아 동북부에서 번식하고, 중동, 인도, 동남아시아, 호주에서 월동한다. 우리나라에서는 봄·가을 이동시기에 도래하는 흔하지 않은 나그네새다.

행동 갯벌, 하구, 모래갯벌, 물 고인 논에서 서식한다. 단독 또는 작은 무리를 이룬다. 갑각류, 조개류, 유충, 지렁이를 잡는다.

특징 연령에 관계없이 백색 눈썹선과 머리옆선이 있다. 부리는 길고 폭이 넓으며 끝 부분이 아래로 굽었다. 몸윗면은 흑갈색이며 깃가장자리가 적갈색이다. 등에 V 자형 백색 무늬가 있다. 가슴과 옆구리에 흑갈색 줄무늬가 뚜렷하다.

번식깃, 제주도, 2007. 05. 07. ⓒ 강창완

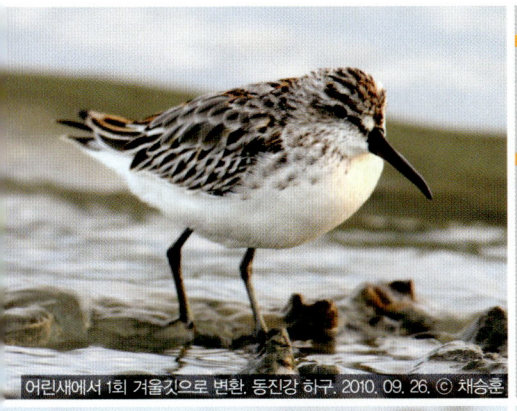

어린새에서 1회 겨울깃으로 변환. 동진강 하구. 2010. 09. 26. ⓒ 채승훈

비번식깃 몸윗면은 회색이며 어깨깃에 흑색 축반이 있다. 날개덮깃의 가장자리는 백색이다. 가슴옆에 작은 갈색 줄무늬가 있다.

어린새 어미새 비번식깃과 비슷하지만 등에 갈색 기운이 많고 가슴옆에 흐린 황갈색 줄무늬가 있다.

어린새에서 1회 겨울깃으로 변환. 동진강 하구. 2010. 09. 26. ⓒ 채승훈

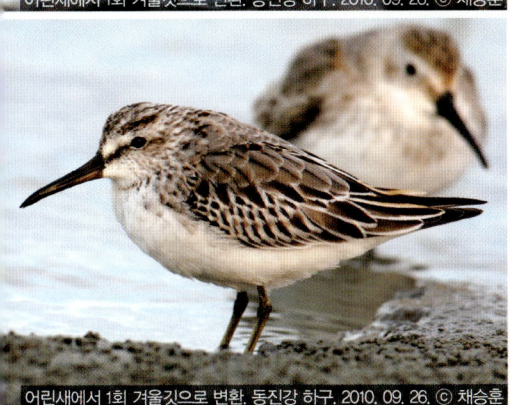

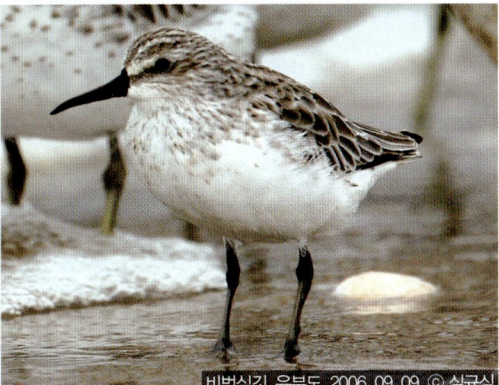

비번식깃. 유부도. 2006. 09. 09. ⓒ 심규식

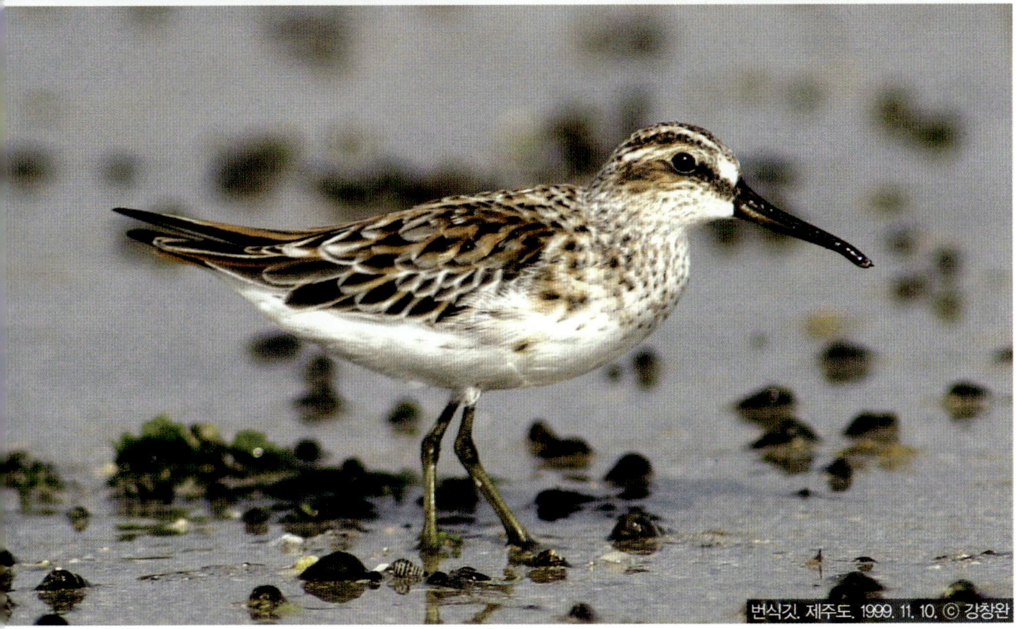

번식깃. 제주도. 1999. 11. 10. ⓒ 강창완

어린새. 천수만. 2006. 09. 12. ⓒ 김신환

송곳부리도요 어린새(오른쪽)와 좀도요 어린새(왼쪽). 강릉. 2010. 09. 11. ⓒ 심규식

어린새. 흑산도. 2004. 09. 03. ⓒ 박종길

어린새. 강릉. 2010. 09. 10. ⓒ 곽호경

송곳부리도요 어린새(가운데). 좀도요 어린새(오른쪽. 왼쪽). 유부도. 2009. 09. 19. ⓒ 박영욱

누른도요

Buff–breasted Sandpiper

Tryngites subruficollis

L 20cm

서식 알래스카에서 캐나다에 이르는 북극권의 툰드라 초지에서 번식하며 아르헨티나의 초지에서 월동한다. 2007년 9월 2일 낙동강 신자도에서 어린새 1개체가 관찰되었을 뿐이다.

행동 초지, 갯벌, 하구에서 서식한다. 이동시기에 골프장, 비행장 등 초지에서 주로 관찰되며 경계심이 없다고 한다. 빠르게 움직이며 조개류, 갑각류, 지렁이, 유충을 먹는다.

특징 부리는 짧고 약간 아래로 굽었다. 머리에서 뒷목까지 황갈색이며 흑색 반점이 있다. 몸윗면은 흑갈색이며 깃가장자리가 황갈색이다. 얼굴과 몸아랫면은 거의 균일한 황갈색이며, 아랫배 부분이 엷다. 다리는 황색이다.

미국 뉴욕. 2010. 09. 12. Tim Lenz

■ **수컷** 암컷보다 크다. 가슴옆부분에 가는 흑색 반점이 있다. 목도리도요와 달리 날 때 날개덮깃과 꼬리깃에 백색 줄무늬가 보이지 않는다.

■ **어린새** 어미새와 비슷하지만 전체적으로 황갈색이 연하며, 몸윗면(특히 날개덮깃)이 비늘무늬를 이룬다.

미국 뉴욕. 2010. 09. 12. Tim Lenz (CC) BY

낙동강 하구. 2007. 09. 02. ⓒ 박종록

341

목도리도요

Ruff

Philomachus pugnax

수컷:32cm, 암컷:25cm

서식 유라시아대륙 북부에서 번식하고, 아프리카, 중동, 인도, 호주 남부에서 월동하며, 우리나라에는 매우 드물게 통과한다. 주로 어린새와 비번식깃의 어미새가 관찰되며 번식깃 수컷은 매우 드물게 관찰된다.

행동 물 고인 논, 습지, 하구, 갯벌에서 생활한다. 단독 또는 2-3마리의 작은 무리를 이룬다. 지렁이, 갑각류 등 다양한 무척추동물을 먹는다.

특징 성별에 따라 크기 차이가 심하며 일반적으로 수컷이 크다. 머리가 작고 목과 다리가 길다. 짧은 부리는 약간 아래로 굽었다. 다리 색은 적갈색, 주황색, 황색으로 개체마다 다르다. 날 때 외측꼬리깃에 타원형 백색 반점이 보인다.

수컷 번식깃. 천수만. 2005. 05. 18. ⓒ 김신환

수컷 번식깃. 강릉. 2010. 05. 22. ⓒ 황재홍

수컷 뒷머리와 목에 긴 장식깃이 있지만 개체에 따라 깃 색(검은색, 적갈색, 흑색 등)과 형태가 다르다. 몸윗면은 흑갈색이며 깃가장자리가 백색이지만 개체에 따라 무늬가 다르다. 몸아랫면은 흑갈색 반점이 있다.

암컷 몸윗면은 흑갈색이며 깃가장자리가 흐린 갈색이다. 머리, 목, 가슴, 가슴옆에 흑갈색 반점이 흩어져 있다.

수컷 비번식깃 암컷 번식깃과 비슷하지만 전체적으로 엷은 색을 띤다. 앞목과 가슴에 갈색 반점이 매우 흐리다.

어린새 암컷 번식깃과 비슷하지만 전체적으로 황갈색을 띤다. 앞목과 가슴에 갈색 반점이 거의 없는 황갈색이다. 몸윗면의 깃가장자리가 황갈색으로 비늘무늬를 이룬다. 수컷이 암컷보다 확실히 크다.

수컷 번식깃. 강릉. 2010. 05. 22. ⓒ 황재홍

수컷 번식깃. 강릉. 2010. 05. 22. ⓒ 황재홍

어린새. 홍도. 2007. 09. 09. ⓒ 최창용

어린새. 제주도. 2010. 09. 16. ⓒ 박한업

어린새에서 1회 겨울깃으로 변화. 시화호. 2009. 10. 31. ⓒ 박한업

어린새. 천수만. 2010. 09. 24. ⓒ 황재웅

어린새, 제주도, 2000. 04. 23. ⓒ 강창완

어린새, 만경강, 2007. 10. 03. ⓒ 채승훈

어린새. 만경강. 2007. 10. 06. ⓒ 채승훈

암컷 번식깃. 여주. 2012. 03. 17. ⓒ 최순규

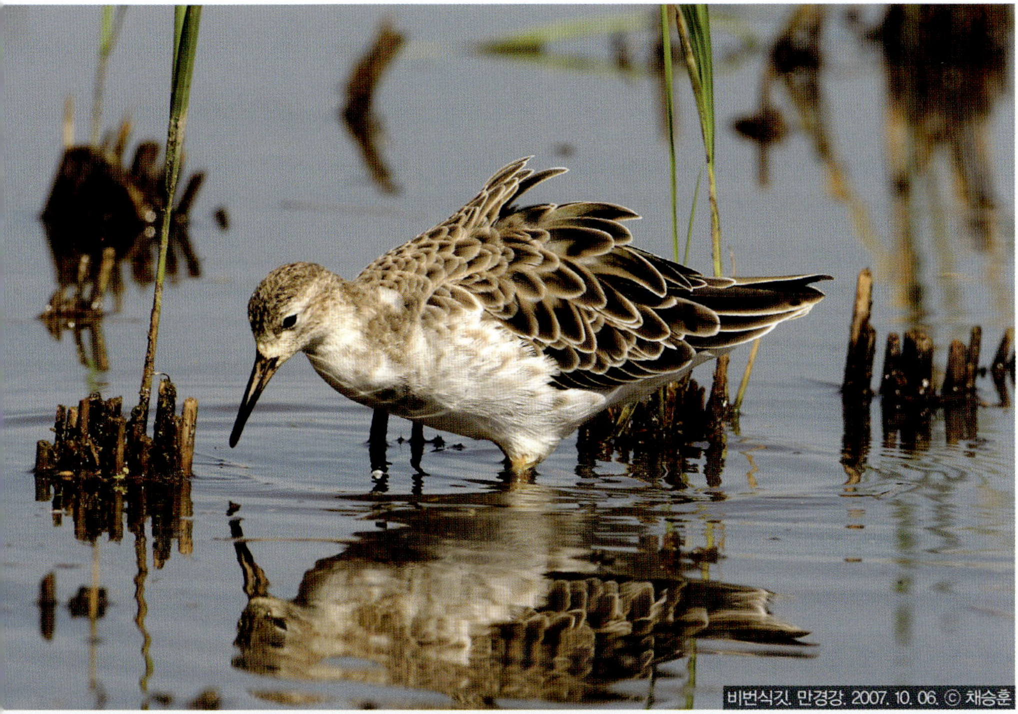
비번식깃. 만경강. 2007. 10. 06. © 채승훈

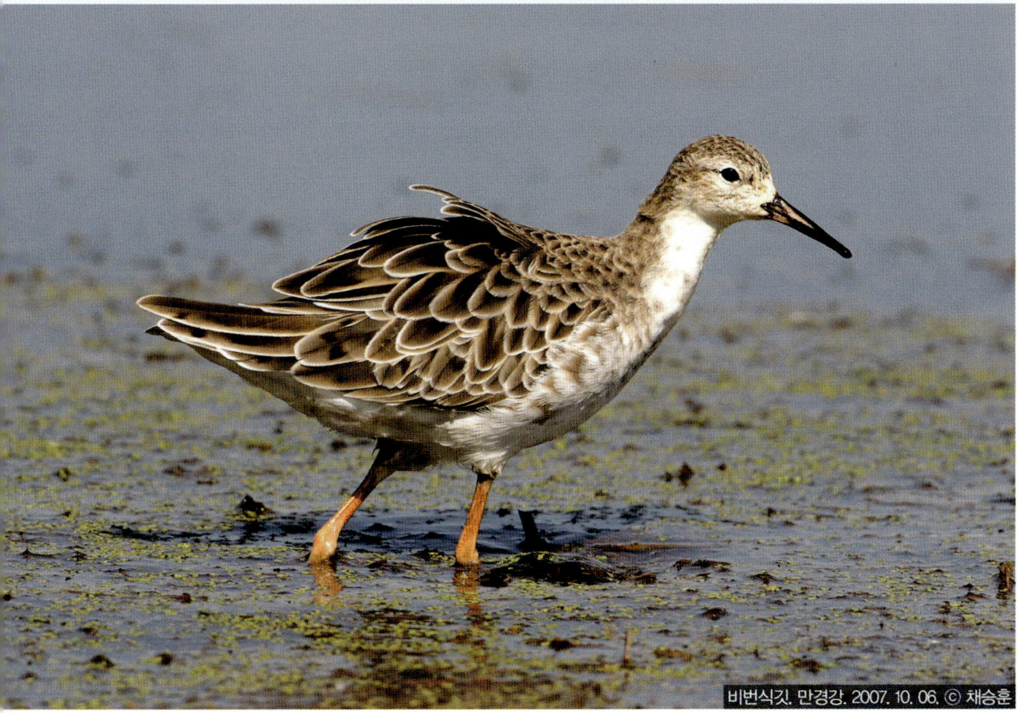
비번식깃. 만경강. 2007. 10. 06. © 채승훈

큰지느러미발도요

Wilson's Phalarope

Phalaropus tricolor

L 23cm

서식 북아메리카 중부에서 번식하고, 남아메리카에서 월동한다. 국내는 1996년 10월 22일 낙동강 하구에서 1회 관찰 기록이 있는 미조이다.

행동 바닷가보다는 내륙의 습지를 선호한다. 남미대륙의 내륙습지에서 월동하며, 해상으로 나가는 경우는 드물다.

특징 검은색 부리는 가늘고 길다. 몸이 홀쭉하며 목이 길다. 날 때 날개에 흰 줄무늬가 없으며 허리가 흰색으로 보인다.

■■■ **수컷** 머리는 검은색이며, 흰색 눈썹선과 검은 눈선이 명확하다. 몸윗면은 흑갈색이며 깃가장자리 색이 연하다.

■■■ **암컷** 머리는 회색이다. 눈선에서 목의 옆을 따라 폭넓은 검은색 띠가 이어진다. 등과 어깨는 회색과 적갈색 무늬가 있다. 멱은 흰색이며, 가슴은 적갈색이다.

■■■ **비번식깃** 몸윗면은 회색이며, 머리는 등과 같은 색이다. 눈선은 연한 검은색이다. 다리가 노란색이다.

■■■ **어린새** 정수리에서 몸윗면은 흑갈색이며, 깃가장자리는 황갈색이 명확하다. 다리가 노란색이다.

■■■ **닮은종**
● **쇠청다리도요**를 비롯한 *Tringa*속의 조류와 혼동하기 쉽다.

암컷 번식깃. 미국 뉴욕. 2007. 07. 06. Dominic Sherony (CC) BY-SA

비번식깃. 미국 캘리포니아. 2006. 07. 27. Len Blumin (CC) BY

지느러미발도요

Red-necked Phalarope

Phalaropus lobatus

L 19cm

서식 유라시아대륙과 북아메리카의 북극해 연안에서 번식하고, 인도양, 남태평양, 페루의 먼 바다에서 월동한다. 우리나라에서는 봄·가을에 해상을 통과하는 나그네새이며, 해안가에서 관찰하기는 어렵다.

행동 번식기에는 툰드라의 습지에서 서식하고 활발하게 움직이면서 먹이를 찾는다. 월동지에서는 육지에서 멀리 떨어진 해상에서 무리지어 생활하고, 발에 물갈퀴가 있어 수영을 잘하며, 해수면에 떠서 플랑크톤을 잡아먹는다. 암컷의 깃이 수컷의 깃보다 아름다우며, 암컷이 수컷에게 구애와 과시행동을 한다.

특징 부리는 가늘고 뾰족하다. 암컷이 수컷보다 전체적으로 색이 진하다. 날 때 날개에 백색 줄무늬가 보이며 허리가 어둡게 보인다. 번식깃에는 눈 위에 작은 백색 반점이 있다.

암컷. 번식깃에서 비번식깃으로 변환. 제주도. 2006. 08. 03. ⓒ 강창완

번식깃에서 비번식깃으로 변환. 남양만. 2008. 08. 24. ⓒ 심규식

비번식깃에서 번식깃으로 변환 강릉. 2003. 05. 11. ⓒ 최순규

■ **수컷 번식깃** 암컷보다 색이 엷다. 이마에서 뒷목까지 회흑색이다. 몸윗면은 비교적 어두운 흑갈색이며 어깨깃에 적갈색 줄무늬가 있다. 멱은 백색이며, 멱 아래로 가슴에서 옆목을 따라 눈뒤까지 이어지는 엷은 적갈색 띠가 있다.

■ **암컷 번식깃** 머리가 수컷보다 어두운 흑색이다. 멱은 백색이며 가슴에서 눈뒤까지 이어지는 적갈색 띠가 수컷보다 진하다. 어깨의 적갈색도 수컷보다 진하다.

■ **비번식깃** 몸윗면은 어두운 회색이며, 등에 백색 V자형 줄무늬가 있다. 흑색 눈선은 눈앞보다는 눈뒤로 비교적 길게 이어진다. 정수리에서 뒷머리까지 흑색 반점이 있다. 몸아랫면은 가슴옆의 흐린 회색을 제외하고 전체적으로 백색이다.

■ **어린새** 비번식깃과 비슷하지만 몸윗면이 흑색 깃이 많고 어깨깃과 등깃의 가장자리가 엷은 황갈색이다.

■ **닮은종**
● **붉은배지느러미발도요** 번식깃은 몸아랫면이 전체적으로 적갈색이며, 비번식깃의 경우 날 때 등과 허리가 밝은 회색으로 보인다.

암컷. 번식깃에서 비번식깃으로 변환. 몽골. 2009. 06. 17. ⓒ 박영욱

번식깃, 제주도, 2012. 05. 06 ⓒ 강창완

1회 겨울깃, 낙동강 하구, 2008. 09. 13. ⓒ 김화연

1회 겨울깃. 제주도. 2012. 08. 31. ⓒ 강창완

어린새에서 1회 겨울깃으로 변환. 낙동강 하구. 2008. 09. 13. ⓒ 김화연

어린새. 천수만. 2010. 09. 05. ⓒ 김신환

붉은배지느러미발도요

Red Phalarope

Phalaropus fulicarius

L 20~22cm

서식 시베리아와 북미의 북극권 연안에서 번식하고, 아프리카 서부, 칠레 해상에서 월동한다. 국내
는 1994년 5월 14일 낙동강에서 1개체가 채집된 기록이 있는 미조이다.

행동 무리를 이루어 생활한다. 지느러미발도요보다 먼 바다에서 시식하며, 연안, 하구, 호수, 항구
등지에 들어오는 경우는 드물다.

특징 지느러미발도요보다 부리가 더 크고 넓다. 부리는 끝이 검고 기부는 노란색이며 겨울에는 전
체가 검게 변한다. 날 때 날개에 흰 줄무늬가 보인다.

수컷. 미국 캘리포니아, 2007. 05. 18. Mike Baird [cc] BY

■■■ **수컷** 귀깃 주변의 흰색은 주변 색과 경계가 불명확하다. 몸아랫면은 엷은 적갈색이며 흰 무늬가 섞여 있다.

■■■ **암컷** 몸윗면은 진한 흑갈색이며 깃가장자리가 적갈색을 띤다. 귀깃 주변으로 명확한 흰색을 띤다. 몸아랫면은 진한 적갈색이다.

■■■ **비번식깃** 몸윗면은 회색으로 지느러미발도요와 매우 비슷하지만 보다 엷은 색이다. 날 때 등과 허리가 밝은 회색으로 보인다.

■■■ **깃털갈이 중인 어린새** 비번식깃과 비슷하지만 몸윗면은 회색깃과 검은색깃이 섞여 있으며 일부 깃 가장자리가 엷은 황갈색이다. 지느러미발도요와 달리 부리기부가 연한 노란색을 띤다.

비번식깃. 미국, 2008. 04. 18. Lee Karney (US Fish and Wildlife Service) 제공

제비물떼새과
Glareolidae

우리나라에는 1종이 기록되었다. 부리는 짧고 날개는 길고 끝이 뾰족하며, 꼬리는 제비처럼 오목하다. 다리는 짧고 발가락은 4개다. 암수는 무늬와 색이 비슷하지만 몸 크기에서 차이가 있다. 무리를 이루어 생활한다. 비행능력이 매우 뛰어나 날면서 곤충을 잘 잡아먹는다. 다양한 곤충과 파충류, 달팽이, 풀씨 등을 먹는다. 대개 집단으로 번식하며, 알은 맨 땅이나 바위 위에 낳고 둥지 재료는 거의 사용하지 않는다. 알은 2~4개를 낳으며, 포란은 암컷이 전담하지만 일부 종은 수컷이 돕는 경우도 있다. 새끼는 부화한 후 1~2일을 둥지에 머문 뒤 둥지를 떠나며, 육추는 암수가 함께 한다.

제비물떼새

Oriental Pratincole

Glareola maldivarum

L 26.5cm

서식 시베리아 동북부, 몽골 북동부, 중국 동북부, 인도차이나반도, 인도, 필리핀, 대만에서 번식하고, 겨울에는 동남아시아에서 호주까지 월동한다. 우리나라에서는 매우 드물게 통과하는 나그네새이며, 해안가의 풀밭, 하천, 농경지에서 관찰된다.

행동 작은 무리를 이루어 행동한다. 날면서 파리목, 벌목의 곤충을 잡아먹으며, 간혹 풀줄기 및 땅 위에 앉아 있는 먹이도 잡는다. 경쾌하고 빠르게 날아가는 모양이 제비와 유사하다. 아침저녁으로 활발히 움직이며 낮에는 휴식을 취한다.

특징 날개는 폭이 좁으며 길어 꼬리 뒤로 돌출된다. 몸윗면은 어두운 회갈색이며 날개는 흑색이다. 날 때 허리가 백색으로 보인다. 부리는 흑색이며 기부가 적색이다. 가슴과 배는 크림색이며 아랫배는 백색이다. 멱은 흐린 황백색이며 가장자리에 흑색 선이 있다. 날 때 아랫날개덮깃이 적갈색이다.

번식깃. 흑산도. 2011. 04. 29. ⓒ 박진영

■■■ **비번식깃** 몸윗면은 전체적으로 어두운 흑갈색을 띠며 깃가장자리는 매우 흐린 때 묻은 듯한 백색이다. 부리기부의 적색이 흐리다. 이마에서 뒷머리까지 흑색 반점이 흩어져 있다. 멱은 흐린 황백색이며 주변에 흑색 반점이 흩어져 있다. 가슴과 배의 크림색이 매우 연하다.

■■■ **어린새** 몸윗면의 깃가장자리는 백색이며 그 안쪽에 흑색 무늬가 있다. 멱은 때 묻은 듯한 백색이며 옆목과 가슴에 흑갈색 줄무늬가 있다.

번식깃, 흑산도, 2011. 04. 29. ⓒ 박진영

번식깃, 제주도, 2006. 04. 17. ⓒ 곽호경

번식깃. 홍도. 2010. 04. 24. ⓒ 채승훈

번식깃. 흑산도. 2007. 05. 02. ⓒ 남현영

Bhushan, B., G. Fry, A. Hibi, T. Mundkur, D. M. Prawiradilaga, K. Sonobe and S. Usui. 1993. A Field Guide to the Waterbirds of Asia. Wild Bird Sciety of Japan and Kodansha International, Tokyo, Japan.

Brazil, M. 2009. Birds of East Asia: China, Taiwan, Korea, Japan, and Russia. Princeton University Press, Princeton.

Dickinson, E.C. (ed) 2003. The Howard and Moore Complete Checklist of the Birds of the World. 3rd Edition. Christopher Helm, London. UK.

Gill, F. B. and M. Wright. 2006. Birds of the World: Recommended English names. Princeton University Press, New Jersey.

Hayman, P,, J. Marchant and T. Prater. 1986. Shorebirds; an Identification Guide to the Waders of the World. Houghton Mifflin Company, Boston.

MacKinnon, J., Y. I. Verkuil and N. Murray. 2012. IUCN Situation Analysis on East and Southeast Asian Intertidal Habitats, with Particular Reference to the Yellow Sea (including the Bohai Sea). Occasional Paper of the IUCN Species Survival Commision No. 47. IUCN, Gland, Switzerland and Cambridge, UK.

O'Brien, M., R. Crossley and K. Karlson. 2006. The Shorebird Guide. Houghton Mifflin Company, Boston.

Prater, T., J. Marchant and J. Vuorien. 1977. Guide to the Identification and Ageing of Holarctic Waders. BTO Guides 17. Thetford, UK.

Wetlands International. 2013. Waterbird Population Estimates, 5th Edition. Wetlands International, Wageningen, Netherlands.

김완병, 김은미, 강창완, 지남준. 2005. 한국에서 물꿩(*Hydrophasianus chirurgus*)의 첫 번식 보고. 한국조류학회지 12(2): 87-89.

김진한, 박진영, 이정연. 1997. 서해안 갯벌지역의 춘추계 조류상. 한국생물상연구지 2: 183-205.

박종길, 서정화. 2008. 한국의 야생조류 길잡이: 물새. 신구문화사, 서울.

박종길, 원일재, 채희영. 2007. 꺅도요류의 도래현황과 외형적 특징에 관한 연구. 한국조류학회지 14(2): 77-89.

박진영, 김상욱. 1994. 한국에서 *Limnodromus semipalmatus*, *Gelochelidon nilotica*, *Tringa melanoleuca*의 첫 관찰. 한국조류학회지 1(1): 127-128.

박진영, 정옥식. 1999. 한국미기록 도요과 1종에 관한 보고. 한국조류연구소 보고서 7(1): 59-60.

박진영, 정옥식, 이진원. 1995. 한국에서 물꿩(*Hydrophasianus chirurgus*)과 긴꼬리때까치(*Lanius schach*)의 첫 관찰. 한국조류학회지 2(1): 77-79.

원병오. 1981. 한국동식물도감 제25권 동물편(조류생태). 문교부.

이도한. 2000. 한국에서 긴부리도요 *Limnodromus scolopaceus*의 첫 관찰. 한국조류학회지 7(1): 51-53.

이우신, 구태회, 박진영. 2000. 한국의 새. LG상록재단.

한국조류학회 종목록위원회. 2009. 한국조류목록. 한국조류학회.

찾아보기

▌국명 ▌

개꿩 88
검은가슴물떼새 82
검은머리물떼새 50
긴부리도요 178
깝작도요 258
꺅도요 172
꺅도요사촌 168
꼬까도요 268
꼬마도요 156
꼬마물떼새 102
넓적부리도요 332
노랑발도요 262
누른도요 340
댕기물떼새 70
뒷부리도요 254
뒷부리장다리물떼새 64
마도요 208
메추라기도요 316
멧도요 152
목도리도요 342
물꿩 146
민댕기물떼새 76
민물도요 326
바늘꼬리도요 164
붉은가슴도요 278
붉은갯도요 320
붉은발도요 224
붉은배지느러미발도요 354
붉은어깨도요 272
삑삑도요 246
세가락도요 284
송곳부리도요 336
쇠부리도요 198

쇠청다리도요 228
아메리카메추라기도요 314
알락꼬리마도요 212
알락도요 250
왕눈물떼새 114
작은도요 298
장다리물떼새 58
제비물떼새 358
좀도요 292
종달도요 308
중부리도요 202
지느러미발도요 350
청다리도요 232
청다리도요사촌 238
청도요 158
큰꺅도요 162
큰노랑발도요 244
큰뒷부리도요 192
큰물떼새 126
큰부리도요 180
큰왕눈물떼새 120
큰지느러미발도요 348
학도요 218
호사도요 138
흑꼬리도요 184
흰꼬리좀도요 302
흰눈썹물떼새 132
흰목물떼새 98
흰물떼새 108
흰죽지꼬마물떼새 94

▌영명 ▌

Asian Dowitcher 180
Bar-tailed Godwit 192
Black-tailed Godwit 184
Black-winged Stilt 58
Broad-billed Sandpiper 336
Buff-breasted Sandpiper 340
Common Greenshank 232
Common Redshank 224
Common Ringed Plover 94
Common Sandpiper 258
Common Snipe 172
Curlew Sandpiper 320
Dunlin 326
Eurasian Curlew 208
Eurasian Dotterel 132
Eurasian Oystercatcher 50
Eurasian Woodcock 152
Far Eastern Curlew 212
Great Knot 272
Greater Painted Snipe 138
Greater Sand Plover 120
Greater Yellowlegs 244
Green Sandpiper 246
Grey Plover 88
Grey-headed Lapwing 76
Grey-tailed Tattler 262
Jack Snipe 156
Kentish Plover 108
Latham's Snipe 162
Lesser Sand Plover 114
Little Curlew 198
Little Ringed Plover 102
Little Stint 298

Long-billed Dowitcher 178
Long-billed Plover 98
Long-toed Stint 308
Marsh Sandpiper 228
Nordmann's Greenshank 238
Northern Lapwing 70
Oriental Plover 126
Oriental Pratincole 358
Pacific Golden Plover 82
Pectoral Sandpiper 314
Pheasant-tailed Jacana 146
Pied Avocet 64
Pin-tailed Snipe 164
Red Knot 278
Red Phalarope 354
Red-necked Phalarope 350
Red-necked Stint 292
Ruddy Turnstone 268
Ruff 342
Sanderling 284
Sharp-tailed Sandpiper 316
Solitary Snipe 158
Spoon-billed Sandpiper 332
Spotted Redshank 218
Swinhoe's Snipe 168
Temminck's Stint 302
Terek Sandpiper 254
Whimbrel 202
Wilson's Phalarope 348
Wood Sandpiper 250

▌ 학명 ▌

Actitis hypoleucos 258
Arenaria interpres 268
Calidris acuminata 316
Calidris alba 284
Calidris alpina 326
Calidris canutus 278
Calidris ferruginea 320
Calidris melanotos 314
Calidris minuta 298
Calidris ruficollis 292
Calidris subminuta 308
Calidris temminckii 302
Calidris tenuirostris 272
Charadrius alexandrinus 108
Charadrius dubius 102
Charadrius hiaticula 94
Charadrius leschenaultii 120
Charadrius mongolus 114
Charadrius morinellus 132
Charadrius placidus 98
Charadrius veredus 126
Eurynorhynchus pygmeus 332
Gallinago gallinago 172
Gallinago hardwickii 162
Gallinago megala 168
Gallinago solitaria 158
Gallinago stenura 164
Glareola maldivarum 358
Haematopus ostralegus 50
Heteroscelus brevipes 262
Himantopus himantopus 58
Hydrophasianus chirurgus 146

Limicola falcinellus 336
Limnodromus scolopaceus 178
Limnodromus semipalmatus 180
Limosa lapponica 192
Limosa limosa 184
Lymnocryptes minimus 156
Numenius arquata 208
Numenius madagascariensis 212
Numenius minutus 198
Numenius phaeopus 202
Phalaropus fulicarius 354
Phalaropus lobatus 350
Phalaropus tricolor 348
Philomachus pugnax 342
Pluvialis fulva 82
Pluvialis squatarola 88
Recurvirostra avosetta 64
Rostratula benghalensis 138
Scolopax rusticola 152
Tringa erythropus 218
Tringa glareola 250
Tringa guttifer 238
Tringa melanoleuca 244
Tringa nebularia 232
Tringa ochropus 246
Tringa stagnatilis 228
Tringa totanus 224
Tryngites subruficollis 340
Vanellus cinereus 76
Vanellus vanellus 70
Xenus cinereus 254

도감 제작에 참여하신 분들

강창완 (사)제주야생동물연구센터 및 (사)한국조류 보호협회 제주지회에서 활동하며, 제주도의 자연과 야생동물 보전을 위해 노력하고 있습니다.

곽호경 한국야생조류협회 회장. 경기도 의왕시청에서 산림 및 공원, 조류관련 업무를 추진하고 있습니다.

권경숙 한국야생조류협회 정회원. 고향인 서산, 태안에서 주로 탐조하며 생태교육활동을 하고, 조류를 촬영하고 있습니다.

김동원 환경부 국립환경과학원 연구원으로 근무하며, 지난 17년간 조류연구 및 탐조를 하고 있습니다.

김범수 부산에서 나고 자랐으며, 부산환경운동연합 낙동강하구모임에서 조류서식지 보호활동을 하고 있습니다.

김성현 환경부 국립생물자원관에 근무하며, 수리류를 중심으로 철새들의 이동과 생태를 연구하고 있습니다.

김신환 서산에서 김신환동물병원을 운영하며, 서산-태안환경운동연합의 (전)공동의장으로 천수만의 황새, 흑두루미의 서식지를 지키기 위한 활동을 진행하고 있습니다.

김화연 한국야생조류협회 정회원. 10여 년간 낙동강 하구를 주 무대로 탐조와 함께 도요새를 조사해 온 부산환경운동연합 소모임 '하구모임'에서 활동했습니다.

남현영 국립공원연구원 철새연구센터 연구원으로 근무하며, 다양한 철새의 이동과 생태를 연구하고 있습니다.

박건석 한국야생조류협회 정회원. 강화도 일대의 저어새와 두루미류를 지속적으로 모니터링하며, 서식환경 보호에 관심이 많습니다.

박영욱 한국야생조류협회 정회원. 강원도 원주에 살며 자연생태연구를 하고 있습니다. 곤충과 식물 등 다양한 자연에 관심을 가지고 관찰하고 있습니다.

박중록 부산대명여고 교사. 습지와새들의친구 및 한국습지NGO네트워크 창립에 기여했으며, 2003년부터 낙동강하구의 조류를 조사하고 있습니다.

박철우 한국야생조류협회 정회원. 강원도 원주에 거주하는 중학교 교사로 조류를 비롯한 자연생태 전반에 관심이 많습니다.

박한업 환경부에 근무했으며 부이사관으로 퇴직했습니다. 현재 대전광역시에 살며, 지난 7년간 취미활동으로 조류를 촬영하고 있습니다.

박헌우 춘천교육대학교에서 근무하며, 조류생태연구, 멸종위기종 보전을 위한 연구를 하고 있습니다.

박형욱 한국야생조류협회 이사. 자연다큐멘터리 전문 제작사 와일드넷에서 PD로 일하며, 'Wings of the Wind', '하늘의 제왕 독수리 추락하다', 'Warzone Gone Wild' 등의 프로그램을 제작했습니다.

서일성 서울에 살며, 새가 좋아 29년 동안 새를 따라다니고 있습니다. 현재 (사)한국조류보호협회에서 봉사활동도 하고 있습니다.

심규식 어릴 때부터 새를 좋아한 인연으로 탐조에 중독되어 한국야생조류협회 평생회원으로 가입했고 협회의 제3대 회장을 역임했습니다.

오동필 10여 년간 새만금 지역에서 물새 모니터링을 하고 있으며, 특히 생태적 변화에 따른 도요물떼새의 움직임과 경관에 대한 모니터링을 하고 있습니다.

우동석 경성대학교 조류관에 근무하며, 도시 새의 생태에 깊은 관심을 가지고 새와 사람의 아름다운 공존을 위해 지역을 중심으로 활동하고 있습니다.

이상일 한국야생조류협회 정회원. 경기도 포천에 살며, 10여 년간 탐조 및 조류 촬영을 취미로 해왔습니다. 맹금류에 깊은 관심을 가지고 있습니다.

이우만 한국야생조류협회 정회원. 서울에 거주하는 생태 일러스트레이터 입니다. 특히 새 그림에 관심이 많습니다.

임광완 한국야생조류협회 정회원. 서울에 살며, 10여 년간 탐조 및 조류 촬영을 취미로 해 오고 있습니다. 산새류, 특히 멧새과에 깊은 관심을 가지고 있습니다.

장용창 (사)동아시아바다공동체 오션에서 일하며, 해양쓰레기로 인한 생물 피해에 관심을 두고 있습니다.

정민욱 한국야생조류협회 정회원. 부산의 비영리 단체 '습지와새들의친구'에서 낙동강하구 조류 조사 및 환경부 겨울철새동시센서스 조사요원으로 활동하고 있습니다.

채승훈 한국야생조류협회 정회원. 군산에 살며, 취미로 금강의 조류를 촬영하며 데이터베이스를 만들고 있습니다.

최순규 한국야생조류협회 평생회원. 대학에서 동물학을 전공하고 지난 13년간 aveskorea.com을 운영하고 있으며, 개발행위에 따른 척추동물의 영향에 대해 연구하고 있습니다.

최종수 대학에서 새와 인연을 맺은 후 생태사진을 찍은 지 20년이 넘었습니다. 한국조류보호협회 창원지회장으로 활동하며, 경남도청 공보관실에 근무하고 있습니다.

황재웅 한국야생조류협회 정회원. 12세부터 탐조를 시작해 여전히 새가 좋아 공부 중입니다. 2012년부터 습새 연구를 시작했습니다.

황재홍 강원도 강릉에 살며 5년 여간 탐조 및 조류 촬영을 취미로 해오고 있습니다. 강릉지방에서 관찰되는 조류에 깊은 관심을 가지고 있습니다.

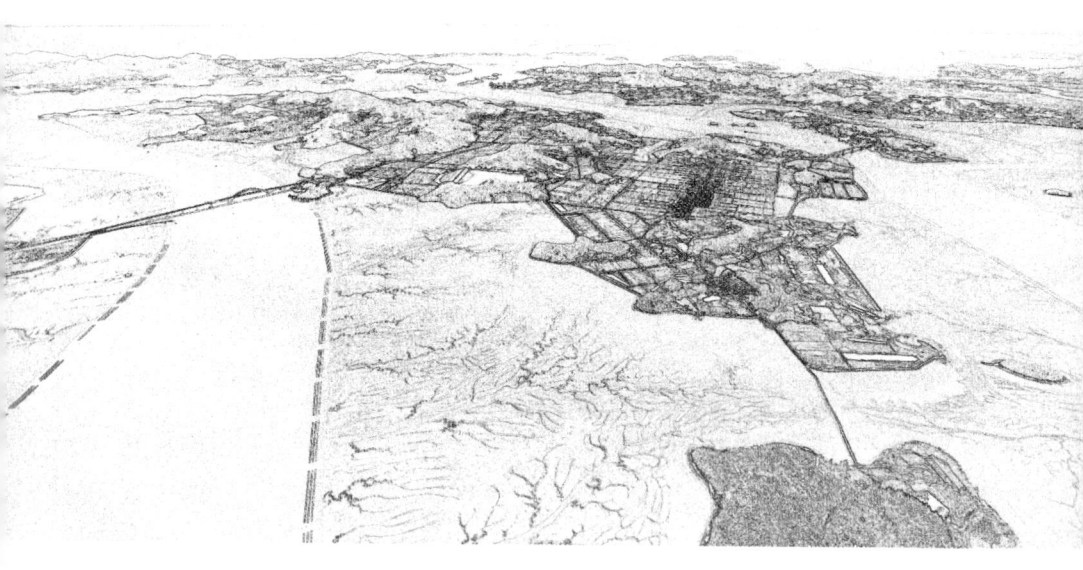